AF327962

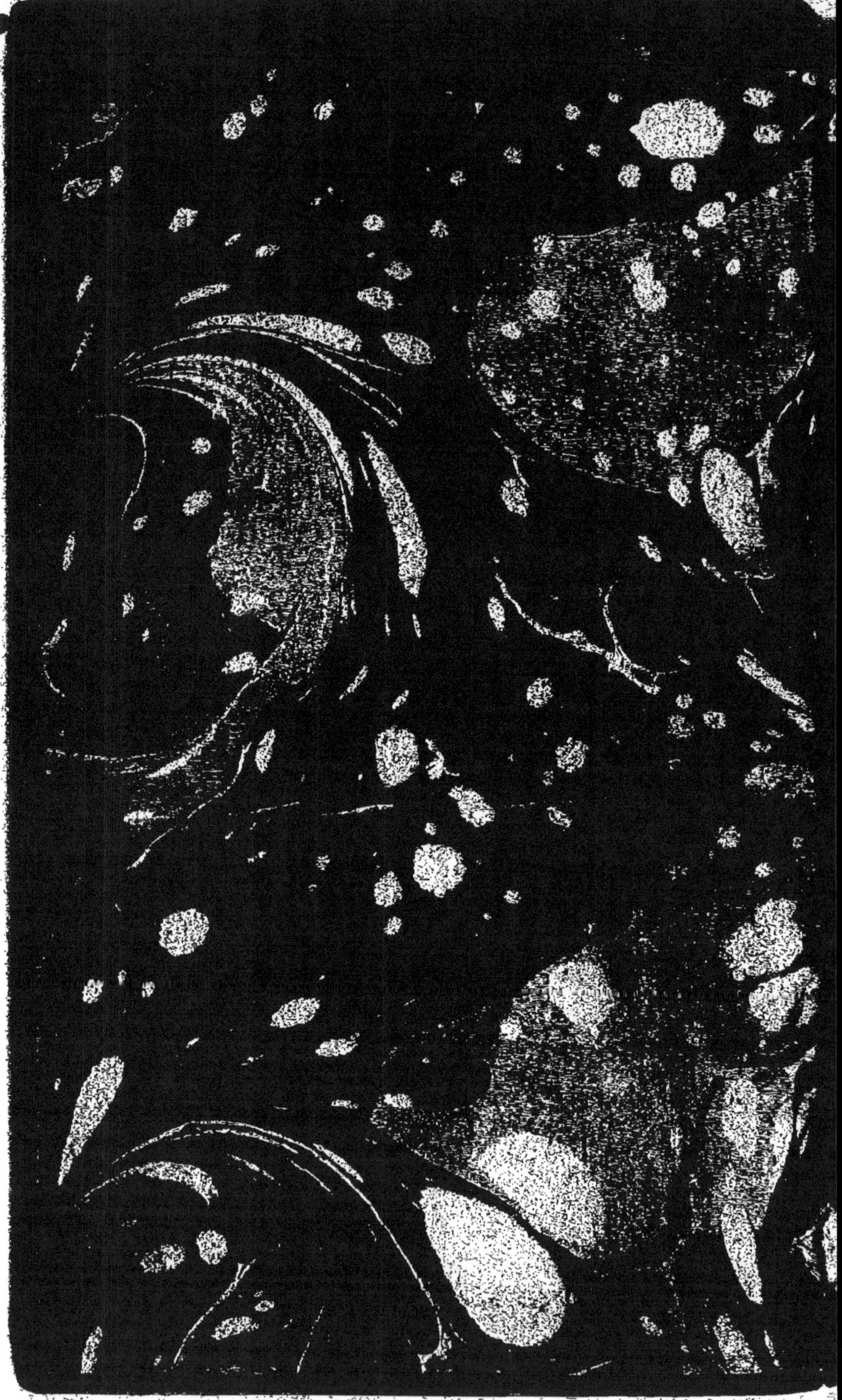

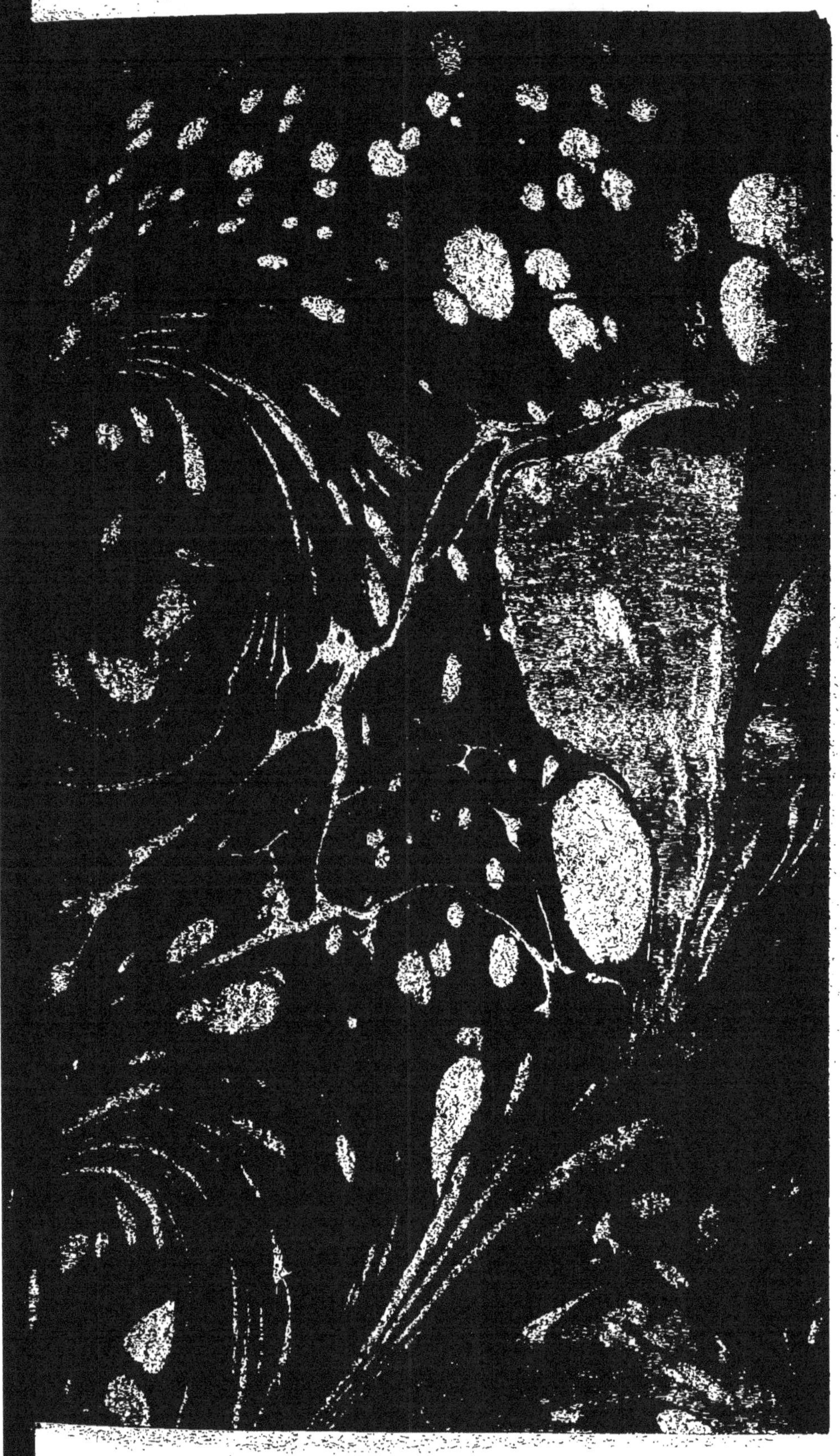

TRAITÉ

DE LA CONSTRUCTION

THÉORIQUE ET PRATIQUE

DU SCAPHANDRE,

OU

DU BATEAU DE L'HOMME.

TRAITÉ

DE LA CONSTRUCTION

THÉORIQUE ET PRATIQUE

DU SCAPHANDRE,

O U

DU BATEAU DE L'HOMME.

Approuvé par l'Académie Royale des Sciences.

Par M. DE LA CHAPELLE, Cenfeur Royal,
de l'Académie de Lyon, de celle de Rouen,
& de la Société Royale de Londres.

Volume in-8°. enrichi de Figures en taille-douce.

Prix, 3 liv. 12 fols broché.

A PARIS,

Chez {
DEBURE pere, Quai des Auguftins,
au coin de la rue Gît-le-Cœur, maifon
du Notaire.
L'Auteur, rue Sainte Anne, au Bureau
de la Loterie de l'Ecole Royale Militaire, Butte Saint Roch.

M. DCC. LXXV.

Avec Approbation & Permiffion du Roi.

A

MONSEIGNEUR

DE SARTINE,

SECRÉTAIRE D'ÉTAT,

Ayant le Département de la Marine.

MONSEIGNEUR,

*C'EST à vos qualités person-
nelles que je confacre cet ouvrage,
& non à votre place. On a déja*

a iij

comparé un Etat politique à un vaisseau, flottant sur l'Océan des passions; Océan bien plus fameux en tempêtes & en naufrages que celui des eaux, contre les dangers desquels mon Scaphandre est destiné. Cette invention sauvera, sans doute, bien des hommes précieux à la société : mais combien votre zèle, & votre grande capacité, MONSEIGNEUR, en sauveront-ils d'autres, dans toutes les classes de l'Etat ! C'est dans cette confiance que la sagesse du Roi vous a fait mettre la main au gouvernail; sa parfaite intégrité *lui ayant défendu de rien donner à la faveur, mais tout à l'estime publique.*

Je suis, avec un très-profond respect,

MONSEIGNEUR,

Votre très‑humble &
très‑obéissant serviteur,
DE LA CHAPELLE.

PROSPECTUS
ET ANALYSE
DE CET OUVRAGE.

J'AI promis au Public, dans mon *Ventriloque* (1), de l'année 1772, que je ne ferois pas long-tems, fans mettre la dernière main à un ouvrage fur la conftruction théorique & pratique du *Scaphandre* ou du *Bateau de l'Homme*, de mon invention. Il eft fait. Toute perfonne, forte ou foible, la plus neuve ou la moins éxercée dans les travaux méchaniques, pourra y apprendre, fans

______

(1) Le *Ventriloque* fe vend chez la Veuve Duchefne, rue Saint Jacques, à Paris.

maître, ou fans autre fecours que fa propre induftrie naturelle, à conftruire, méthodiquement & par principes, un corfelet, avec lequel hommes & femmes pourront, tout habillés, beaucoup mieux que fans vêtemens, nager fur le champ, fans l'avoir jamais appris, en fe tenant tout debout, à flot, plongés feulement jufque vers la région des mamelles.

Cette efpèce de cuiraffe permet, & j'ai eu le deffein, en l'imaginant, de faire à la nage, par fon moyen, toutes fortes de manœuvres, comme de manger, boire, lire, écrire, combattre, charger le fufil ou le piftolet, tirer, chaffer, pêcher, fe fauver des naufrages, fans pouvoir jamais couler à fond, ni avoir à craindre la crampe ni l'épuifement des forces, calfater un vaiſſeau en pleine mer, ou l'y radouber, faire paſſer à un corps de troupes, ſans ponts, ſans bateaux, ſans radeaux, & ſur-tout ſans bruit, les plus grands fleuves & les plus rapides, lui faciliter une deſcente, par mer, ſur une côte ou ſur une terre, & même de marcher au milieu des eaux les plus profondes, comme ſur un plan ſolide, &c. Dans un grand nombre d'expériences, que j'en ai faites publiquement, j'ai eu plus de vingt mille témoins de la plupart de ces effets.

On m'a demandé cet ouvrage avec le plus grand empreſſement. Il ne tiendra plus qu'au Public de s'en mettre en poſſeſſion. Mais, comme il eſt bon de connoître d'avance ce que l'on voudroit acheter, nous allons, en peu de mots, en expofer le tableau.

Depuis quelques fiècles, les mers & les rivières font prefqu'auffi fréquentées, mais elles paroiffent, & font effectivement, pour l'homme, plus dangereufes que les terres. Outre les accidens du feu, communs à tous les habitans du monde, ceux des voies d'eau, des écueils, des tempêtes fur les eaux, attaquent & détruifent fort fouvent la vie des hommes. L'art de nager eft, en ces cas, réduit à bien peu de chofe; on eft bientôt fuffoqué par les vagues ou épuifé de fatigue ; d'ailleurs combien d'hommes ordinaires, combien de Marins mêmes ne fçavent pas nager !

Après avoir démontré, contre l'opinion commune, dans une differ-

tation affez étendue, que l'homme,
même fans la peur, ne nage point
naturellement comme les quadrupèdes, & fait voir la très-petite
reffource de nager en pleine mer,
j'en conclus le befoin qu'il y avoit
d'inventer un nouvel art d'entrer,
de fe foutenir, de manœuvrer, &
même de marcher, tout debout, au
milieu des eaux les plus profondes,
comme en terre ferme.

Afin d'y parvenir, je commence
par éxaminer les qualités du Liége,
dont je me fers, combien il s'enfonce dans l'eau, quel poids il peut
foutenir à fa furface, quel eft, à
peu près, le Centre de Gravité du
corps humain, jufqu'à quel point
il doit plonger, tout debout, dans
l'eau, pour s'y tenir ferme, & combien, en cet état, il pèfe plus

que le volume d'eau où il plonge.

Tous ces points bien déterminés, je cherche quelles font les parties du corps, que l'on doit charger ou revêtir de Liége. Cela me conduit à la préparation de cette écorce, aux dimenfions, au nombre, au poids & à l'équilibre des pièces ou des morceaux que je veux employer.

Après avoir bien difcuté & bien épluché tous ces différens objets, j'en viens à la conftruction effective du Scaphandre. J'en détermine fcrupuleufement toutes les opérations. La longueur, la largeur, la qualité & la préparation des toiles, fur lefquelles il faut placer les morceaux de Liége, la manière de les arranger & de les affurer, les outils que cela éxige, les précautions qu'il faut prendre, pour donner à ce travail la plus grande perfection, dont je l'ai cru fusceptible, tout cela y eſt décrit, autant qu'il a été en moi, avec l'ordre, la clarté & la ſimplicité de ſtyle, ſi néceſſaires pour éviter les mal-entendus.

J'ai tâché de n'y rien oublier, de prévoir tout, & de pourvoir à tout. Le calcul le plus aiſé, avec des figures très-éxactes & bien développées, achève d'y apporter la plus grande préciſion, de manière qu'avec la moindre portion d'intelligence & d'adreſſe, on pourra ſe faire des Scaphandres, auſſi parfaitement que les plus habiles ouvriers.

Quand cet habit eſt achevé, s'il y eſt ſurvenu défaut d'équilibre, j'y montre comment, fans rien défaire, on peut fur le champ le rétablir, & même augmenter, en certains cas, la force de ce corfelet dans les eaux, fans y rien réformer.

On y trouvera un moyen de raf-furer l'imagination, contre la crainte de toutes fortes de rifques, en fai-fant le premier effai d'un Scaphandre, quand on ne fçauroit aucunement nager, & un autre pour le bien conferver.

Les ufages de cet habit y font amplement expofés, chacun dans leur chapitre. 1°. Pour l'amufement de l'un & de l'autre fèxe; 2°. pour la fanté des hommes & des femmes; 3°. pour la chaffe; 4°. pour la pêche; 5°. pour le paffage des grandes ri-vières par des troupes; 6°. contre

les

les dangers ou les naufrages fur mer ou fur les rivières; 7°. pour y radouber ou calfater un vaiſſeau ; 8°. pour faciliter une deſcente de troupes fur des côtes ; 9°. pour y aire aiguade; 10°. pour faire des radeaux à la nage, en pleine mer, pouvant fervir de refuge après un naufrage, ou même avant, quand il eſt jugé inévitable ; 11°. pour apprendre à nager, tout feul, d'une manière fûre, & en fort peu de tems.

Un Pantalon à étriers, pour marcher, tout debout, au milieu des eaux les plus profondes ; des Nageoires fort fimples, pour aider la progreſſion, & un bonnet pour y ferrer des proviſions, en cas de befoin, achèvent de donner au

Scaphandre un appareil complet.

Je n'y ai point négligé de faire connoître les ouvrages fur l'art de nager, fans aucunes machines; & je finis par l'hiſtoire de ceux qui en ont imaginé dans les mêmes vues que moi.

Ce travail eſt enrichi de figures, ainſi que je l'ai dit, avec des notes uniquement relatives au ſujet. Elles accompagneront le texte au bas des pages, & elles expliqueront toutes les cauſes phyſiques des effets ſin-guliers que ce Traité offrira.

Le livre, dont je viens de pré-ſenter une eſquiſſe (je l'annonce avec confiance), eſt abſolument neuf. Il eſt non-ſeulement le plus ample, mais le ſeul, en ſon genre, de tous les travaux, faits dans les mêmes vues que moi. Personne, avant 1774, n'a donné sur cette matière aucun Traité, qui dirigeât méthodiquement l'esprit & la main de l'Ouvrier, donnât toutes les proportions, les poids & les façons des pièces qu'il auroit à employer, lui montrât à les mettre en œuvre, à les placer comme il faut, à les équilibrer parfaitement, enfin à l'assurer d'une manière incontestable, sans aucun risque, & par un essai très-simple, du dégré de confiance qu'il peut prendre en l'ouvrage de ses mains.

Par M. DE LA CHAPELLE, Censeur Royal à Paris, de l'Académie Royale de Lyon, de celle de Rouen, & de la Société Royale de Londres, Auteur des Institutions de

Géométrie, des Sections Coniques, & autres Courbes anciennes, appliquées aux Arts, &c.

P. S. Ceux qui auroient la complaisance, à laquelle ils sont très-fortement invités, de faire des observations de quelqu'importance, sur les fautes ou les erreurs, commises dans la composition de cet ouvrage, & sur les dégrés de perfection, dont ils le croiroient susceptibles, sont très-instamment priés de me les adresser, par la voie du Mercure ou par celle du Journal des Sciences & des Beaux Arts, autrefois Journal de Trévoux, par M. Castillon; sous la condition expresse qu'ils mettront leur nom, leurs qualités & leur demeure, aux écrits qui fortiront de leurs mains fur ce fujet ; afin que je puiffe leur en faire honneur, & leur en témoigner publiquement ma reconnoiffance.

Cela peut produire de très-bons avantages. Quand on fçait qu'on fera imprimé, & que l'on fera par conféquent jugé publiquement, on eft porté à réfléchir plus mûrement fur les idées qu'on veut mettre au jour, même en gardant l'anonyme.

Mais, quand le nom, les qualités & la demeure défignent inconteftablement la perfonne ou l'Auteur d'un écrit, deftiné à paroître dans le Public, l'honneur eft une garde févère, qui veille, avec bien plus de foin, à la correction des travaux

que l'on doit porter devant ce re-
doutable Tribunal.

Voilà pourquoi je déclare que je
ne ferai aucune réponſe à ceux qui
m'écriroient en particulier ſur ce
ſujet ; leſquels ſont priés, au ſur-
plus, d'affranchir toujours le port
de leurs lettres.

EXTRAIT des Regiſtres de l'Académie Royale des Sciences, du 3 Septembre 1774.

Nous avons éxaminé, par l'ordre de l'Académie, un manuſcrit de M. l'Abbé de la Chapelle, intitulé, *Traité de la conſtruction théorique & pratique du Scaphandre.*

Cet Ouvrage contient trois choſes : 1°. la manière de conſtruire un *Scaphandre* commode & bien proportionné ; 2°. la manière de s'en ſervir ; 3°. les différents uſages, auxquels il peut être utile.

L'Auteur, après avoir démontré, contre l'opinion de bien des gens, que l'homme ne nage point naturellement, comme les quadrupèdes ; parce que le premier, en nageant, eſt dans une ſituation gênée ; au lieu que les derniers ſont alors dans leur poſition naturelle ; remarque qui avoit été faite ci-devant par M. Bazin, comme le dit

M. de la Chapelle lui-même ; &, après avoir fait voir que la science du nager est souvent une foible ressource, en cas de naufrage, sur-tout en pleine mer, il conclut qu'il est très-utile d'imaginer des moyens de parer à ces inconvéniens. On ne peut pas nier qu'un Scaphaudre, bien construit, ne soit propre à cet effet.

M. l'Abbé de la Chapelle passe ensuite à la construction de son Scaphandre. Il est composé de morceaux de Liége, assujettis dans un corselet de toile. Pour lui donner la proportion, qu'il a cru la plus convenable, il examine, 1°. jusqu'à quelle profondeur le corps doit être plongé, pour que l'homme soit à son aise & sans risques; 2°. quel est le poids du volume d'eau, mesuré par la partie du corps plongée; 3°. de combien le poids total du corps excède le poids du volume d'eau déplacé; 4°. quelle est la pèsanteur spécifique du Liége, comparée à celle de l'eau; 5°. quel doit être en conséquence le volume du corselet, relativement à sa pèsanteur pro=

pre, & à l'excès de celle du corps fur celle du volume d'eau déplacé; 6°. quelles font les parties du corps, que l'on doit revêtir de Liége préférablement aux autres.

Après avoir fait toutes ces recherches préliminaires, l'Auteur paffe à la conftruction du Scaphandre, dont nous ne dirons rien ; parce que cette partie n'eft pas fufceptible d'extrait. C'eft dans l'ouvrage luimême, qu'il faut en prendre connoiffance. Nous ajouterons feulement que ce corfelet, qui eft divifé en quatre parties, deux antérieures & deux poftérieures, nous a paru conftruit d'une manière commode, & de façon à ne gêner que très-peu les mouvemens du corps ; chaque pièce de Liége étant réünie à fes voifines d'une manière équivalente à des charniéres.

M. l'Abbé de la Chapelle ajoute à ce corfelet une efpèce de queue ou Sufpenfoire, termiaée par un Plaftron, qui, après avoir paffé entre les cuiffes, vient s'attacher fur la poitrine. Il a deux ufages : le premier d'empêcher que le corfelet ne remonte trop haut fous les aiſſelles, ce qui gêneroit beaucoup le mouvement des bras; le ſecond, de fournir, à celui qui en fait uſage, un ſiége ſur lequel il peut ſe repoſer auſſi long-tems qu'il lui plaît.

Ce Scaphandre, tel que nous venons de le décrire, avoit été préſenté à l'Académie par M. de la Chapelle dès 1765 ; & d'après le rapport, que lui en firent Meſſieurs de Mairan & l'Abbé Nollet, elle jugea qu'on *devoit lui donner la préférence ſur toutes les inventions de cette eſpèce, qui avoient été propoſées juſqu'alors, non-ſeulement parce qu'il eſt d'un uſage plus ſûr ; mais encore parce que, dans un danger ſubit & inopiné, il ſeroit d'un ſecours plus prompt qu'aucun autre, & qu'il ne cauſe aucun embarras.*

Depuis ce tems-là, M. l'Abbé de la Chapelle a ajouté à ſon Scaphandre, pour certains cas, une eſpèce de Pantalon, garni d'étriers par le bas, qui eſt attaché par le haut à ce corſelet, & qui aide à marcher avec moins de fatigue, quand on eſt à flot, comme nous le dirons bientôt. Pour rendre fon habillement complet, l'Auteur a auffi imaginé un Bonnet, conftruit de façon à pouvoir y dépofer des chofes, qu'on auroit intérêt à ne pas mouiller.

M. l'Abbé de la Chapelle paffe enfuite à la manière de faire ufage de fon Scaphandre. Cette manière eft fimple; elle confifte à fe revêtir du corfelet, ce qui ne demande pas plus de tems qu'il n'en faut pour prendre une vefte. Après avoir noué les cordons par devant, on paffe la Sufpenfoire entre les cuiffes, & l'on attache le Plaftron fur la poitrine. On eft alors en état de fe mettre à l'eau, dans laquelle, moyennant cet habit, on n'enfonce que jufque vers la région des mamelles. On s'y trouve donc dans une pofition verticale, ayant la tête & les bras hors de l'eau, & dans le cas d'en faire tel ufage qu'on voudra. Si l'on a befoin d'avancer, c'eft alors qu'il faut faire ufage du Pantalon, dont nous avons parlé ci-deffus; lequel, en pareil cas, di-minue de beaucoup la fatigue, qu'on éprou-veroit fans lui. Alors on chemine dans l'eau, ainſi que l'a éprouvé un de nous, qui s'eſt revêtu de cet habit pour en faire l'eſſai ; on chemine, dis-je, dans l'eau, par un mouvement des jambes, à peu près ſemblable à celui par lequel nous marchons ſur la terre ; avec cette différence que les mouvemens des jambes ſont beaucoup plus grands, & la progreſſion plus lente & plus pénible, à cauſe de la grande réſiſtance du fluide dans lequel on avance.

M. l'Abbé de la Chapelle a exécuté, pluſieurs fois devant nous, ces mouve-mens, & dans l'eau courante & dans l'eau dormante. Dans les rivières, dont le cou-rant eſt un peu rapide, il eſt impoſſible de remonter contre le courant ; on peut ſeu-lement traverſer la rivière, encore eſt-ce en dérivant beaucoup. Dans l'eau dor-mante, on avance dans telle direction que l'on veut. M. l'Abbé de la Chapelle a par-couru devant nous deux cents ſeize pieds en cinq minutes de tems.

M. de la Chapelle donne enſuite le détail des uſages, auxquels il juge qu'on peu appliquer fon Scaphandre : il en indique un grand nombre, par exemple, pour prendre le bain, avec confiance & fûreté, dans les eaux les plus profondes ; pour la chaffe & la pêche ; pour faire traverfer des rivieres ou des foffés plein d'eau par des Soldats armés ; pour fe prémunir contre les dangers ou les naufrages, fur les rivières ou fur mer ; pour vifiter commodément la ligne de flottaifon d'un vaiffeau ; pour faciliter une defcente de troupes fur des côtes ; enfin, pour faire des radeaux en pleine mer, après un naufrage, ou même avant, quand on le juge très-probable, pour fervir à fauver ceux de l'équipage, qui n'auroient pas de Scaphandre, &c.

Nous croyons devoir avertir que les proportions, que M. l'Abbé de la Chapelle a données à fon Scaphandre, & qui font bonnes pour plufieurs individus, ne feroient peut-être pas bonnes pour tous, & qu'en conféquence il feroit bon d'avoir égard à la forme du corps, & à la diftribution du poids de celui, auquel le Scaphandre

feroit deftiné, afin d'en varier les proportions fuivant le befoin.

Nous croyons encore devoir confeiller
de ne pas fe jetter à l'eau, comme nous
l'avons vu faire plufieurs fois à M. l'Abbé
de la Chapelle, fur-tout dans des endroits
qu'on ne connoîtroit pas bien ; il pourroit
fe trouver au fond des chofes capables de
bleffer, ou même de retenir l'homme, de
façon à l'empêcher de revenir à flot, malgré
fa légèreté refpective.

D'après ce que nous venons de dire,
nous penfons que l'addition, que M. l'Abbé
de la Chapelle fait du Pantalon & de l'é-
trier à fon Scaphandre, peut être utile en
beaucoup de circonftances. Quant à fon
ouvrage, qui nous a paru être le plus
ample qu'on ait publié jufqu'à préfent fur
cette matière, nous croyons, fans pourtant adopter toujours les explications qu'il
donne des différentes manœuvres, qu'il
fera intéreffant pour le Public, & qu'il
pourra de plus fournir des idées, pour
perfectionner une invention fi utile, &

qu'en conséquence il mérite l'approbation de l'Académie. A l'Académie, le 3 Septembre 1774, & ont signé Messieurs DE VAUCANSON, TENON, BRISSON, LA PLACE.

Je certifie l'extrait ci-dessus conforme à son original & au jugemenr de l'Académie. A Paris, le 12 Septembre 1774.

GRANDJEAN DE FOUCHY,
Secrétaire perpétuel de l'Académie Royale des Sciences.

LETTRE de M. D'ARTUS, Capitaine au Corps du Génie, à Huningue, sur les éxercices du Scaphandre, du 7 Septembre 1770.

MONSIEUR, il faut avouer que M. l'Abbé de la Chapelle a porté le *Scaphandre* au point de perfection désiré. Un habitant de cette Ville, peu instruit dans l'art de nager, xxxij

mais zélé pour les découvertes utiles, a
essayé, le mois dernier, dans le Rhin, un
de ces instrumens, que M. l'Abbé de la
Chapelle a fait construire sur ses principes,
& qu'il a eu la bonté de m'envoyer. Dès
le second essai, ce Nageur novice enhardi,
ne s'est fait qu'un jeu de passer & repasser
le Rhin, dans les endroits les plus larges
& les plus profonds. Il en a parcouru, en
descendant, un espace considérable, marchant dans l'eau debout, comme s'il y étoit
porté par enchantement. Rien n'est plus
agréable, Monsieur, que ce spectacle; rien
de plus utile que le fruit que l'on peut retirer de cette invention, pour la mer &
pour bien des circonstances de guerre, où
il est essentiel de porter, à la hâte, un petit
corps de troupes de l'autre côté d'un fleuve:
mais c'est à l'Auteur à décrire lui-même,
comme il se le propose, tous les avantages
que l'on peut attendre de sa découverte.

*Extrait de l'Avant-Coureur, du Lundi 24
Septembre 1770.*

AVIS

*A v i s très-important au Public,
pour n'être point trompé dans
la conftruction des Scaphandres,
qu'il pourroit commander à des
Ouvriers.*

JE m'occupois à réfléchir fur mon Scaphandre, & fur ce livre qui en traite,
lorfqu'un Tailleur, nommé Bailli, rue
Pagevin, a eu l'effronterie, en Juin 1774,
ou, peut-être, l'imbécillité de diftribuer
au Public, avec profufion, des imprimés,
où il avance, fans aucune preuve, & contre
toute vérité, qu'il a *perfectionné le Scaphandre*, dont il ignore jufqu'à l'ortographe (1).
J'ai déja fait une pareille réclamation dans
une des Gazettes Littéraires du mois de

____

(1) On m'a mandé auffi, de Verfailles, par une
lettre du 15 Octobre 1774, que le nommé Cor-
dier, fils, Tailleur à Bordeaux, fe difoit l'inventeur
d'un pareil corfelet.

Septembre, & dans le Journal des Sciences & des beaux Arts du mois d'Octobre, par M. Castillon.

Ce Tailleur n'a aucuns principes des connoissances humaines, pas la moindre notion de calcul, de Géométrie, de Physique, de Méchanique, d'Hydrostatique, d'Anatomie, &c. Ses Confrères mêmes ne lui donnent pas l'éloge d'avoir jamais sçu perfectionner une Boutonnière.

Je l'ai seulement employé, comme ouvrier, pour me faire des Scaphandres, d'après un modèle de mon invention, & suivant les leçons que j'ai bien voulu lui donner. Ce qu'il a reconnu par écrit, de sa propre main, en lettres rouges, sur un de ces corselets, qu'il a faits pour moi, sous ma direction, en 1772.

Voici le fondement de son impudence. Avant que je le connusse, un Officier dans les Gardes Françaises, avoit usé & tout démantibulé, à force de services & de mauvais soins, un Scaphandre que je lui avois fait faire. Il l'envoya chez son Tailleur Bailli, pour le raccommoder. Dès que celui-ci l'eut rajusté, avec un revêtement tout neuf, il s'imagina bonnement, & disoit à tout le monde, qu'il avoit *perfectionné* cet habit. C'est comme si un Savetier se vantoit, après avoir raccommodé des souliers, qu'il a perfectionné l'art du Cordonnier.

Mes ouvriers, en fait de Scaphandres, étant morts ou malades, je fus trouver ce prétendu *perfectionneur*, avec qui je débutai par condamner, & il défit effectivement un de ces habits qu'il avoit fait pour lui-même. Je l'employai quelque tems; mais enfin, ayant reçu des reproches de son travail, qui écrasoit les épaules hors de l'eau, je le laissai là, & ne voulus plus m'en servir.

Lui ayant écrit quelques lettres, durant que je l'employois, pour lui commander des Scaphandres, & juger avec précision des mesures qu'il donnoit à ses pièces, il a pris cela pour des conseils que je lui demandois, & a voulu sur le champ partager la gloire d'une invention, dont je m'occupe depuis environ dix ans.

La tête en a tourné si fort à cet ouvrier, qu'il a osé paroître, avec ces lettres, en pleine Académie des Sciences, le 13ᵉ d'Août de cette année courante 1774. On lui a répondu qu'on écrivoit ainsi à un Cordonnier, à qui l'on commandoit des souliers. Je lui demandai moi-même, en présence de tous ces Messieurs, où étoit un des Scaphandres, qu'il prétendoit avoir perfectionnés. Il s'étoit bien gardé d'en apporter ; & sur l'aveu qu'il fit publiquement, qu'il n'en construisoit que d'après mes principes, suivant qu'il l'avoit écrit, en lettres rouges, de sa propre main, sur un Scaphandre qu'il m'avoit livré, il fut convaincu d'imposture, & obligé de se retirer de l'Académie, avec les qualifications les plus honteuses. Il ne s'y est pas remontré depuis, ni à Messieurs ses Commissaires, devant lesquels je l'avois sommé de comparoître, un de ses corselets à la main, pour juger de sa prétendue perfection.

Le dernier qu'il m'a fait pefoit près de dix-huit livres ; il m'écrafoit les épaules, avant d'entrer dans l'eau & lorfque j'en fortois ; & l'ayant éxaminé plus particulièrement, j'ai trouvé qu'il renfermoit des vices cachés, que je lui avois recommandé d'éviter ; vices qui tendoient à l'ufer & à le détruire plus promptement. J'en avertis dans le courant de cet ouvrage.

J'ai donc formé un autre ouvrier, beaucoup plus intelligent & bien plus docile que le Tailleur Bailli. Quoiqu'avec ce livre, on puiffe faire foi-même de ces habits, il y a bien des gens, fur-tout à Paris, qui n'en voulant pas prendre la peine, défireroient de trouver des ouvriers fûrs & à bon compte, pour leur en conftruire.

On ne fçauroit mieux s'adreffer, qu'au fieur Hirault, Maître Tailleur, Quai des Auguftins, à l'Hôtel d'Auvergne, à Paris. Je lui ai donné des leçons moi-même. Il en a fi bien profité, que j'avouerai, fans fcrupule, tous les Scaphandres, qui fortiront de ſes mains. C'eſt d'ailleurs un ſi honnête homme, qu'à ma recommandation, il donnera au Public, pour 75 livres, ce qu'on lui a vendu, juſqu'à préſent, de 100 à 150 livres ; offrant de plus d'en faire l'expérience, en pleine eau, en préſence de ceux qui auroient, pour cet objet, pris des engagemens avec lui ; & promettant même d'en baiſſer le prix, au cas que les matériaux de ce travail & les denrées vinſ-ſent à beaucoup meilleur marché qu'ils ne ſont à préſent.

Je ne finirai point cet article, ſans avertir encore le Public, de s'y prendre l'hyver, afin de ſe pourvoir de ces habits, pour la belle ſaiſon & les voyages de mer. On n'en tient point magaſin, & le tems pour-roit manquer, quand on eſt preſſé.

TABLE

Des Chapitres & principaux Articles du *Traité de la construction théorique & pratique du Scaphandre, ou du Bateau de l'Homme, &c.*

Epitre dédicatoire. Page v

Prospectus. & analyse de cet ou-vrage. ix

Extrait des Regiſtres, Rapport & Jugement de l'Académie Royale des Sciences, ſur le Scaphandre & le livre qui en traite. xxiij

Lettre de M. d'Artus ſur les effets du Scaphandre. xxxj

AVIS très-important au Public, pour le choix des ouvriers, auxquels on voudroit commander des Scaphandres.   xxxiij

Définition du Scaphandre. Occasion de cet ouvrage.   I

Dissertation sur le nager de l'homme, comparé à celui des quadrupèdes ; ou examen de la question, si l'homme, sans la peur, nageroit aussi naturellement que les quadrupèdes, sans l'avoir jamais appris.   13

Recherches préliminaires sur la pesanteur du Liége, comparée à celle de l'eau commune.   34

Du Centre de Gravité ou de pesanteur dans le corps de l'homme.   41

Quelles sont les parties du corps, que l'on doit charger ou revêtir de Liége ?   49

Préparation des morceaux ou pièces de Liége, leurs dimensions & leurs poids. 54

Remarque essentielle sur la quantité de Liége, qui peut entrer dans un Scaphandre. 64

Récapitulation de l'article précédent. 67

Manière simple & très-courte d'équilibrer les pièces d'un Scaphandre, avant sa construction. 69

Construction du Scaphandre. 74

Remarque très-utile, pour avoir la juste direction des pièces d'un Scaphandre. 82

Question & remarques sur la construction du Scaphandre. 86

De la seconde toile, qui doit recouvrir les pièces d'un Scaphandre. 89

xlij   T A B L E.

Observation sur la grosseur du Scaphandre.   95

Seconde équilibration du Scaphandre après sa construction.   99

Manière très-simple d'augmenter la force d'un Scaphandre, sans rien changer à sa construction.   100

Remarque utile sur les toiles du Scaphandre.   104

De la construction de la Suspensoire.   106

Remarque sur le Plastron de la Suspensoire.   111

Description du Pantalon à étriers, pour marcher, à flot, très-avantageusement, au milieu des eaux les plus profondes & les plus rapides.   113

Description d'un Bonnet, fort com-

T A B L E.   xliij

mode dans les opérations que l'on
   peut faire avec un Scaphandre. 116

Des Nageoires. 118

Effai du Scaphandre. 121

L'art de marcher, à flot, tout debout,
   au milieu des eaux les plus profondes & les plus rapides, le corps
   plongé jufque vers la région des
   mamelles. 133

Récapitulation de l'art du marcher, à
   flot. 144

Remarque à ce fujet. 145

Pourquoi la partie antérieure du Scaphandre eft plus garnie de Liége que
   la poftérieure. 147

Confervation du Scaphandre. 150

Ufage du Bonnet. 151

Différens ufages du Scaphandre. 152

xliv   T A B L E.

Pour l'amuſement de l'un & de l'autre
sèxe.   156

Pour la ſanté des hommes & des
femmes.   161

Pour la chaſſe.   164

Pour la pêche.   168

Pour le paſſage des grandes rivières par
des troupes.   170

Deux remarques ſur la corde traverſière.   180

Uſage du Scaphandre contre les dangers ſur mer & ſur les rivières.
    183

Objections contre l'uſage du Scaphandre en mer.   191

Remarque importante par rapport aux
tempêtes & aux rochers.   193

Uſage du Scaphandre pour le radoub

& le calfât d'un vaisseau en mer.
202

Pour faciliter, par mer, une descente de troupes sur des côtes. 205

Pour faire aiguade, ou faire de l'eau, en mer. 207

Pour faire des Radeaux, à la nage, en pleine mer, pouvant servir de refuges après un naufrage, ou même avant, quand il est jugé inévitable.
209

Naufrage de la Flûte l'Utile. 213

Naufrage du Prince. 224

Naufrage du Bourbon. 231

Usage du Scaphandre, pour apprendre à nager, tout seul, &c. 242

L'art de nager par Thévenot, Français, &c. 247

L'att de nager par Everard Digby,
Anglais.   253

L'art de nager par Nicolas Wynman,
Hollandais.   258

Histoire des travaux, sur le même
sujet, qui ont précédé celui de l'Auteur.   261

Jacket ou Jaquette de M. Wilkinson,
Anglais.   263

Habit de M. Gélaci, Français.   267

Soubreveste de Liége du sieur Bonal,
Français, Habitant de Dieppe.
                                        270

Ceinture de Liége de M. le Comte
de Puységur, Français, Lieutenant-Général des Armées du Roi
de France.   282

Cuirasse de Liége du sieur Bachstrom,

Allemand, Docteur en Médecine.   291

Naufrage sans péril.   300

Conclusion de cet ouvrage.   302

Explication des Figures, contenues dans les quatre Planches de ce Traité.   305

FAUTES légères à corriger avant de lire cet Ouvrage.

PAGE 81, *ligne* 8, après *militaire*, mettez une virgule,

Page 97, *lig.* 15, après *échancrures*, mettez une virgule.

Page 98, *lig.* 13, *lif.* $\frac{1875}{2}$.

Page 192, *lig.* 5, nouriffent ; *lif.* nourriffent.

Ibid. lig. 6, chaire ; *lif.* chair.

Page 242, *lig.* 14, nager tout, feul ; *lif.* nager, tout feul.

Page 248, *lig.* 16, pag. 3 ; *lif.* pag. 13.

Page 291, *lig.* 1, il bien ; *lif.* il eft bien.

Page 299, *lig.* 5, cordre ; *lif.* corde.

TRAITÉ

TRAITÉ

DE LA CONSTRUCTION

THÉORIQUE ET PRATIQUE

DU SCAPHANDRE,

OU

DU BATEAU DE L'HOMME (1).

CHAPITRE PREMIER.

VOILA enfin l'ouvrage que je promis, en 1772, dans mon *Ventri-*

---

(1) Ce mot est composé des deux mots Grecs, *Scaphè*, bateau, esquif, & *Andros*, de l'homme ; d'où l'on forme aisément en

A

loque (1). Il y a plus de huit ans
que je m'occupe, par intervalles, de

Français, le *Bateau de l'homme ;* parce qu'il
a été imaginé & conftruit uniquement pour
l'homme, & non pour un cheval, un bœuf,
&c. auxquels néanmoins il feroit très-aifé
d'ajufter un harnois à l'imitation du Scaphandre, ce qui pourroit avoir fon utilité
dans le paffage des grandes rivières, avec
des chevaux plus chargés qu'à l'ordinaire.

La dénomination de l'*homme-bateau*, que
je donnai d'abord à cet habit, n'étoit point
jufte, ni bien tirée du Grec : on ne devroit appeller ainfi que l'homme revêtu du
Scaphandre ; mais, quand il en eft féparé, fi
on vouloit lui donner une bonne dénomination, uniquement Françaife, il faudroit
l'appeller l'*habit - bateau*, comme l'a dit
M. de Sainte-Albine.

(1) Je prie le Public de me paffer la
feule note incidente, qui n'a d'autre rapport à ce Traité que la promeffe de l'a-
chever le plutôt que je pourrois, inférée

l'utile invention qu'il contient, & je me sçais bon gré de l'avoir laissé

---

dans mon *Ventriloque*, publié en 1772, chez la veuve Duchesne, rue S. Jacques à Paris. Je saisis cette occasion, qui peut-être ne reviendroit jamais, de répondre à quelques critiques, qui ont été faites, dans le tems, contre la forme de cette production.

Le *Ventriloque* est un ouvrage, dont il n'y avoit point de modèle avant 1772, dans lequel on découvre & l'on explique la cause de l'action, par laquelle on a cru de tout tems qu'il y avoit des personnes parlantes du ventre, sans ouvrir la bouche, dont les paroles bien articulées sembloient venir de plusieurs centaines de pieds, dans toutes les directions imaginables; de maniere qu'étant à côté & tout près de ces personnes, lorsqu'elles venoient à parler en *Ventriloque*, on s'imaginoit que ces paroles sortoient d'une rivière, d'un buisson, du creux de la terre, du profond des abîmes, du sommet d'un arbre, du sein des airs ou

mûrir pendant tout ce tems ; il a
reçu des degrés de perfection, qui

---

du haut du ciel, &c. A l'exception de quelques Philofophes, tous les anciens & tous
les modernes avoient cru que c'étoit l'œuvre
du démon, d'un génie ou d'un oracle, qui
manifeftoit la volonté du Souverain de l'u-
nivers. Il y a des éxemples de ces fourbes,
qui ont porté l'illufion & l'atrocité, au point
de faire perdre à des Rois & le trône &
la vie.

Mon ouvrage fur cette matière n'eft pas
moins l'hiftoire des Ventriloques que l'explication de leur étrange propriété. « J'y
» remonte jufqu'à des tems forts reculés.
» L'évocation de l'ombre de Samuel, fi
» fameufe dans la Bible, y eft difcutée. On
» y éxamine les Oracles de Delphes & de
» Dodone. On y produit un affez grand
» nombre de perfonnes réputées *Ventri-*
» *loques*, dont la date ne remonte pas à
» plus de trois cents ans.

» On y verra des traits d'une extrême

lui euſſent infailliblement manqué,
ſi je m'étois trop hâté de le publier.

» ſingularité, rapportés par des perſonnages
» très-graves, ſe diſant témoins oculaires
» & auriculaires ; traits qui ont dû con-
» fondre & ont confondu en effet la ſa-
» gacité de quelques hommes fort éclairés.

» On en viendra aux *Ventriloques* de nos
» jours, qui ne le cèdent nullement à ceux
» du tems paſſé.

» Après tous ces faits bien établis, on
» éxaminera s'il y a eu véritablement des
» *Ventriloques*, aux termes de la dénomi-
» nation ; c'eſt-à-dire, s'il y a eu vérita-
» blement des perſonnes, qui aient articulé
» des ſons ou prononcé des paroles par le
» ventre même, comme le fait entendre
» l'expreſſion qui les déſigne, & ainſi
» qu'on l'éxécute avec le goſier, la langue,
» les dents, les lèvres, &c.

» On tâchera enſuite de démontrer com-
» ment, ſans articuler du ventre, on
» pourroit produire tous les effets attribués

A iij

Ce n'a été qu'en 1769 que j'ai
trouvé l'art, moyennant mon Sca-

» aux *Ventriloques*, & même, dans quelques
» cas, la bouche & les narines fermées.

» Il y aura un chapitre fur l'utilité po-
» litique, morale & phyfique d'une pa-
» reille recherche, & l'on finira par un
» trait d'hiftoire des plus étranges, où le
» génie, les recherches, le courage, le
» facrifice même des conventions les plus
» facrées ont dû fe réünir contre les affauts
» de la fuperftition.

» D'où l'on conclura aifément qu'étant
» comme moralement impoffible, dans
» l'état d'ignorance, de fe fouftraire à cette
» maladie de l'efprit, fa deftruction met
» le comble à la dignité des fciences ».

Il ne m'eft point revenu de critiques de
quelque importance fur le texte ou le fond
de cet ouvrage : on a dit, contre les notes
qui l'accompagnent, que leur difpofition en
interrompoit la lecture. *On peut les fauter;*
que plufieurs d'entr'elles n'avoient point

phandre, de marcher tout de bout,
à flot, dans les eaux les plus pro-

---

de rapport au fujet. *Je le fçais bien ; mais
fans cette occafion je n'euffe peut-être jamais
publié certaines idées, que je crois utiles : on
ne fait point un livre exprès pour une dou-
zaine de notes, jugées de quelqu'importance ;
qu'il y en avoit de fuperflues. Oui pour
les uns, non pour les autres ; de triviales.
A Paris, j'en conviens ; pour les Provinces
& les Pays étrangers, c'eft autre chofe. Boi-
leau, qui a écrit au fein de la Capitale, où il
á fait allufion à beaucoup de faits, de modes,
de mœurs, de ridicules, de coutumes, connus
ou pratiqués de fon tems, ne feroit plus entendu aujourd'hui, dans la même Ville, fans
un bon commentaire. S'il l'eût fait lui-même,
fes Concitoyens n'euffent pas manqué de lui
reprocher ce que nous voudrions bien à préfent tenir de fa propre main.*

Quand on eft en train de fronder, la
prudence eft peu écoutée ; on a été jufqu'à
m'objecter des fraudes Typographiques, &

fondes & les plus rapides, le corps plongé seulement jusqu'aux ma-

---

les comparer à celles dont on accusoit alors l'impression de l'Encyclopédie. *Mais 1°. l'abus Typographique, s'il y en a, ne peut point m'être reproché ; ce livre n'a point été imprimé à mes frais ; 2°. quand il l'auroit été, n'ayant pris avant l'impression aucuns engagemens avec le Public, comme on avoit fait au contraire pour l'Encyclopédie, on ne pouvoit me reprocher avec fondement aucun abus de confiance, puisque cet ouvrage, imprimé & mis en vente avant l'achat ou que l'on eût fait aucune avance, laissoit une libre carrière à l'éxamen & une pleine liberté entre le prendre & le laisser. 3°. Ce prétendu abus rouleroit sur quelques pages, où l'on auroit laissé des blancs, pour commencer les chapitres au haut des pages ; ce qui est reçu en Typographie, pour donner plus d'œil à l'ouvrage : d'ailleurs voyez où porte l'envie de contredire ; sur cinq ou six cents pages, il n'y a pas une demi-feuille de blancs.*

melles, & je m'avisai, en 1772, de
rendre le même habit propre à
toutes les tailles, groffes ou grêles,
longues ou courtes ; ce qui a fort
étendu l'ufage de ce corfelet & la
commodité de fon tranfport.

A préfent que je ne vois plus rien
d'effentiel à imaginer fur cet objet,
je le livre bien volontiers pour l'u-
tilité publique. Ayant eu le projet
de traverfer quelques mers, je me
mis à penfer aux moyens de m'en
fauver en cas de befoin. Je ne fçais
aucunement ou que très-peu nager.
Au bout de quelques toifes, mes
forces s'épuifent, je perds haleine
& coule à fond ; mais quand je
le fçaurois parfaitement, je l'euffe
toujours regardé comme une reffource très-médiocre, dans un naufrage qui arriveroit feulement à

deux ou trois lieues des terres.

Apprendre à nager eſt, dans le fond, une fort petite affaire, quand on a de la témérité comme les jeunes gens, ou du courage comme les hommes à grandes paſſions : pour les perſonnes plus âgées ou d'un ſang plus froid (ce qui eſt le plus grand nombre) la choſe eſt très-ſérieuſe ; on eſt ou trop pareſſeux ou trop timide.

Voilà donc la plus grande partie des hommes ſans aucune reſſource dans un danger ſur l'eau ; la tête leur tourne aux premières apparences ; ils mettent le trouble partout. Cependant les affaires de la vie conduiſent ſouvent les hommes ſur les étangs, ſur les rivières, ſur les mers, ou bien il faut renoncer à de très-grands avantages.

Mais l'art de nager lui-même est-il bien sûr ? L'observation prouve que le plus grand nombre de ceux qui se noyent, en se baignant, sont des nageurs & souvent de bons nageurs.

Quand on ne sçait point nager, on ne s'y expose guère : les autres, se livrant aux agrémens de cette espèce de jeu, font quelquefois cet éxercice trop long-temps ; avec quelques attitudes nécessairement forcées, une trop grande fraîcheur les pénètre & contracte leurs muscles, la crampe les prend, la tête se perd, ils sont noyés.

Il n'y a point de nageur, si fort & si intrépide qu'il soit, qui ne dût frémir, pour peu qu'il y réfléchît, lorsqu'il a perdu terre dans une rivière, qui n'a pas six toises de large ; il n'est pas sûr un moment de son éxiftence ; il peut fe noyer dans l'inftant.

C'eft bien autre chofe dans un naufrage en mer, occafionné par une tempête, un rocher, un bas-fond, une chúte de la foudre, une voie d'eau confidérable, &c. fur-tout à quelque diftance de la côte; les forces s'épuifent très-vîte, les fens fe bouleverfent, on eft perdu.

Ce qu'il y a d'important & même d'effentiel dans l'art de nager, c'eft de foutenir toujours fa tête au-deffus de la furface de l'eau; travail perpé-tuel & bien laborieux pour l'homme, qui n'eft point conftruit *pour nager naturellement*, comme font plufieurs quadrupèdes, & qui pourroit, par le feul défaut de conformation, être fuffoqué, en nageant parfaitement bien & dans toute la plénitude de ſes forces, ainſi que je vais tâcher de le démontrer dans la Diſſertation ſuivante.

DISSERTATION ſur le nager de l'homme, comparé à celui des quadrupèdes ; ou éxamen de la queſtion, ſi l'homme, ſans la peur, nageroit auſſi naturellement que les quadrupèdes, ſans l'avoir jamais appris.

J'ai lu, dans une infinité de livres, durant le cours de mon éducation, & toutes les bouches m'ont répété, que l'homme, ſans la peur, nageroit d'abord tout auſſi naturellement & tout auſſi facilement que la plupart des quadrupèdes, ſans l'avoir comme eux aucunement appris ; même encore aujourd'hui, malgré les progrès de la Phyſique, on trouve, entre les hommes éclairés, des échos de cette erreur populaire, accréditée par des doctes, qui sçavent, avec beaucoup de confiance, tout plein de choses qui ne sont pas.

Les trois seuls Auteurs de ma connoissance, qui ont fait profession d'écrire exprès sur cette matière, Thévenot, Français ; Digby, Anglais, & Nicolas Wynman, Hollandais (1), n'ont pas seulement mis la chose en question ; ils la supposent comme un axiome ou comme une propriété si évidente, qu'elle n'a pas besoin d'être prouvée.

C'est faute d'avoir comparé la structure & les premières habitudes de l'homme, avec celles des animaux à quatre pattes.

____

(1) On donnera, dans la suite, une idée du travail de ces Auteurs.

1°. Les quadrupèdes, que nous voyons nager naturellement, font plus légers que le volume d'eau, dans lequel leur corps total feroit plongé. C'eft-là un principe donné par l'expérience, qui nous enfeigne auffi que quelques hommes font plus légers & beaucoup d'autres plus pefans que le volume d'eau dont ils occuperoient la place. Voilà déja un premier avantage qu'ont les animaux fur la plupart des hommes ; car furnager ou être à flot eft une des conditions les plus effentielles du nager.

2°. Quand même tous les hommes feroient plus légers que le volume d'eau dont ils occuperoient la place, il n'en faudroit pas conclure qu'à l'éxemple de quelques autres animaux, ils pourroient nager, comme

eux, fans aucune crainte de fuffocation; car les organes externes de la
refpiration, dans ces animaux, font
placés aux extrêmités de leur tête
immédiatement (1) : ainfi, pour
peu qu'ils foient plus légers qu'un

---

(1) Cette obfervation a été auffi faite, ou
plus vraifemblablement recueillie par l'Auteur d'une *nouvelle Oftéologie*.... *avec une
Differtation fur le marcher de l'homme & des
animaux, fur le vol des oifeaux & fur le
nager des poiffons*, imprimée, à Paris, chez
Laurent d'Houry, en 1689.

Cet Auteur a très-bien fait de garder
l'anonyme : quoique venu après de très-
habiles Anatomiftes, fon expofition du
fquelette & fes defcriptions de quelques
autres parties du corps humain, de celles
des oifeaux & des poiffons, font des plus
féches & des plus pauvres; ce feroit donc
rifquer l'honneur de fon jugement que de
lui attribuer une bonne obfervation.

pareil

pareil volume d'eau, quand ils y feroient plongés jufqu'au-delà des yeux, à quelques lignes de diftance des narines, en levant un peu la tête, ils feroient à couvert de la fuffocation.

L'éléphant a ici un très-grand avantage fur les autres quadrupèdes; car la trompe par laquelle il refpire, & qui lui fert de nez & de main, pouvant s'allonger plufieurs pieds au-delà de fa bouche, permet à fon corps d'être totalement fous les eaux ou d'être entièrement fub-mergé, fans aucun rifque d'être fuf-foqué.

Il n'en eft pas ainfi de l'homme: les organes externes de la refpiration ne font point aux extrêmités de fa tête; du fommet de cette partie à fa bouche, ou à fes narines, il y a près d'un demi-pied; par conséquent l'homme qui entreroit tout debout dans l'eau, sans pouvoir y enfoncer que jusqu'aux yeux, ne laisseroit pas d'y être suffoqué, quoique naturellement plus léger qu'un pareil volume d'eau.

3°. Le corps des quadrupèdes est situé à peu près horizontalement de devant en arrière; ils entrent ainsi dans l'eau, sans rien changer à cette disposition naturelle : dès qu'ils y sont à flot, à cause de leur plus grande légèreté spécifique, suivant le n°. 1, il ne leur faut plus, pour y avancer, que remuer les jambes, comme ils font sur la terre pour marcher : en effet, les voir nager, c'est les voir marcher; ils ne font point de mouvemens différens pour ces deux allures; sçavoir marcher

pour eux, c'est sçavoir nager ; l'un
leur est tout aussi naturel que l'autre.

Cependant, quoique les animaux
ne fassent, dans les eaux où ils nagent, que les mouvemens du marcher, ils n'y marchent point ; c'est-
à-dire, que leur progression ne s'y
fait point, en vertu de quelques
parties d'eau, qu'ils fouleroient de
haut en bas avec leurs pattes comme
sur la terre, & c'est-là une espece
de paradoxe qu'il est important de
bien expliquer.

Dans le marcher sur la terre en
plein air, les quadrupèdes, ainsi que
l'homme, éxercent deux pressions ;
l'une par laquelle ils foulent la terre
de haut en bas, pour y avoir un
point d'appui, qui leur sert à se
porter en avant, ou à déterminer
leurs mouvemens suivant leurs fa-

cultés naturelles. Cette première efpèce de preſſion eſt très-apparente,
& preſque la ſeule qui produiſe un
effet bien marqué, dans le marcher
des animaux ſur la terre en plein air.

Il y en a pourtant une autre bien
moins ſenſible, mais toute auſſi
réelle que la première ; c'eſt une
preſſion ſur l'air, laquelle ſe fait à
peu près horizontalement, par le refoulement (1) que l'animal en fait,
ſuivant les directions dans leſquelles
il ſe porte. Cet air, en ſe rétabliſ-

____

(1) Refoulement & foulement, pour exprimer l'action de fouler & de refouler, ne
ſe trouvent point dans les Dictionnaires. Il
ſeroit bon de les y mettre, & encore mieux
de donner des ſubſtantifs à tous les verbes
qui en manquent ; on éviteroit bien des
phraſes, c'eſt-à-dire, un grand aſſemblage
de mots, au lieu d'un ſeul qui ſuffiroit.

fant, réagit fur l'animal & aide in-
fenfiblement à le porter en avant.
Les hommes qui cheminent, les bras
balans ou pendans, en reçoivent
quelque bénéfice (1).

____

(1) Quand on chemine, les bras balans
ou faifant le pendule, fans le concours de
la volonté, *l'humerus* s'écarte du corps par
la première impreffion du mouvement, &
s'en rapproche lorfqu'il revient, en fe con-
tournant vers la poitrine, dans la cavité
glénoïde de l'omoplate. Par ce méchanifme,
le bras, porté en avant, fend l'air avec le
tranchant de la main, & lui oppofe moins
de réfiftance que la paume, qui vient fe
préfenter à ce fluide, pour le refouler en
fe rapprochant du corps; ainfi, la réaction
de l'air étant plus forte, quand la main revient, que quand elle avance, cela aide à
favorifer la progreffion.

Il eft vrai que cette force auxiliaire, de
la part du reflux ou de la réaction de l'air,

Que l'on prenne garde à cette dernière preſſion ou à ce refoulement horizontal ; c'eſt cela qui fait preſque toute l'affaire dans le nager des animaux. Le foulement ou la preſſion de haut en bas, ſi efficace pour leur marcher en terre ferme, n'eſt preſque plus rien, quand ils ſont à la nage ; il ſert un peu à les relever vers la ſurface des eaux.

Dès que l'animal eſt à flot, il ſe met à éxécuter les mouvemens du marcher : la preſſion de haut en bas, la ſeule bien apparente dans ſon marcher ſur la terre, n'eſt preſque

---

eſt ici bien peu de choſe, en comparaiſon de celle que la volonté imprime aux muſcles : il en faut pourtant faire l'obſervation ou la remarque . à cauſe du grand rôle qu'elle jouera bientôt dans le nager, où l'eau va être ſubſtituée à l'air.

plus rien ici ; l'eau fuit sous les
quatre petites bases de ses pattes, &
ne leur oppose en ce sens qu'une
très-foible résistance.

Mais la pression horizontale ou
presque horizontale de ses quatre
jambes , qui n'étoit presque rien
dans l'air, devient ici une action
très-considérable ; ce sont quatre
avirons, lesquels, pendans du bas
des épaules & des hanches jusqu'au
bout des pattes, refoulent l'eau presque horizontalement , en se cour-
bant un peu de bas en haut & de
devant en arrière. L'eau, foulée puis-
samment & assez brusquement par
ces quatre avirons, réagit de même
& refoule en avant le corps auquel ils tiennent, en le soulevant
un peu du côté de la surface de l'air,
où elle trouve moins de résistance.

B iv

Ainfi, un animal à flot, en éxécutant les mouvemens du marcher, ne marche pourtant point dans les eaux où il nage ; il avance comme un bateau, foumis à l'action de quatre rames ou de quatre avirons qui le pouffent.

Je fçais bien qu'en ramenant fes jambes d'arrière en avant, il pouffe devant lui une portion d'eau, qui lerepouffe en arrière; mais cetterépulfion eft bien inférieure à la preffion qui le fait avancer ; parce que la fléxion des articulations de fes jambes fe faifant, par leur conformation naturelle, avec plus de facilité & de preffeffe, de devant en arrière que d'arrière en avant, il arrive que ce déployement de force, plus avantageux fur les eaux poftérieures que fur les antérieures, porte auffi l'a-

nimal, en vertu de la réaction &
de fa volonté, bien plus efficace-
ment en avant qu'en arrière.

Nous venons de voir que, pour
nager, le quadrupède n'étoit point
obligé de changer ni fa fituation ni
fon allure naturelles, & qu'en faifant à flot les mouvemens ordinaires
du marcher, ceux du nager s'en
fuivoient néceffairement, quoique
par des impulfions bien différentes
de celles qui fe préfentoient fur la
terre ferme.

L'homme eft tout-à-fait dans un
autre cas : lorfqu'il veut nager, il
eft obligé de renverfer fa fituation
naturelle, de prendre des mouvemens, qui ne font point dans fes habitudes, & d'avoir prefqu'en tout
des attitudes forcées.

Par la feule infpection de la manière dont les jambes sont articulées avec les cuisses, il est évident qu'indépendamment de notre habitude, la nature a voulu que notre corps fût posé verticalement ou perpendiculairement à l'horizon, & que nous marchassions debout sur les plantes de nos pieds : mais, pour nager, l'homme est obligé de se mettre sur le ventre ; position bien gênante (1) pour sa tête, laquelle, ne s'appuyant plus sur la colonne vertébrale, tend perpétuellement à tomber, & donne par-là au nageur

---

(1) M. Bazin, Docteur en Médecine, qu'il pratiquoit & professoit à Strasbourg, a fait cette même observation dans un volume *in-*4°. qu'il publia en 1741, où l'on trouve une Dissertation sur la différence qu'il y a entre l'homme & les quadrupèdes, par rapport à la faculté de nager.

un grand poids & un grand travail à foutenir; embarras que n'ont point les quadrupèdes, dont la tête con-ferve, dans le nager, fa pofition ordinaire.

Nous ne marchons donc point, le ventre parallèle à l'horifon, comme les quadrupèdes auxquels nous nous comparons : s'ils nagent comme ils marchent, ainfi que nous venons de le voir, l'homme ne nage point comme il marche ; il faut qu'il éxerce dans ce cas des mouvemens tout-à-fait nouveaux pour lui & aucunement naturels, étant abfolu-ment étrangers à ceux qu'il a cou-tume d'employer pour fa conferva-tion ordinaire; car aucuns de nos befoins naturels ne nous porte à tenir nos doigts, ni à remuer nos mains, nos bras, nos cuiffes & nos jambes comme des grenouilles, dont l'état eſt de nager.

La peur contribue, ſans doute, à accélérer la ſuffocation de ceux qui tombent dans des eaux profondes ſans ſçavoir nager; mais cette peur eſt fondée ſur le défaut de ſtructure, ſur celui de l'éxercice dans les mouvemens extraordinaires qu'éxige le nager, ſur le renverſement de la ſituation habituelle de leur corps, auquel la nature a preſcrit de ſe tenir debout, de marcher ſur la plante de ſes pieds, & non de ramper ou de ſe gliſſer ſur le ventre comme font les nageurs.

4°. Que l'on obſerve des quadrupèdes; des chevaux, par éxemple, qui tombent pour la première fois dans des eaux trop profondes: les mouvemens incertains de leur

tête, leur respiration précipitée,
leurs naseaux élargis & reniflans,
leurs yeux effarouchés, tout annonce la peur qui les trouble ; ils
ne se noyent pourtant pas, lorsqu'ils
font à portée de se sauver ; parce
qu'encore une fois leurs mouvemens ne font pas ici renversés
comme ceux des hommes, & que
nager n'est autre chose pour eux
qu'éxercer les mouvemens du marcher, sans rien changer absolument
à la situation naturelle de leur corps.

Ainsi, un homme intrépide au
milieu des eaux trop profondes, où
il tomberoit sans sçavoir nager, seroit en général infailliblement noyé
en fort peu de tems ; & par conséquent, afin qu'il puisse se soutenir
& se porter sur les eaux avec quelqu'avantage, il faut qu'il l'apprenne

d'une manière quelconque, comme on apprend à *faire des armes*, pour faire un coup d'escrime, ou parer un coup d'épée.

Il est, à la vérité, bien naturel de se défendre ou d'attaquer pour des besoins indispensables ; mais c'est à l'art que nous en devons les moyens, c'est-à-dire, à nos réfléxions, à nos méditations, à des actes souvent répétés & toujours étudiés, à ce désir ardent & à cette merveilleuse facilité qu'a l'homme d'imiter tout ce qu'il voit faire ; ce qui n'est cependant, même pour un succès médiocre, que le fruit du tems & de l'expérience.

Puisque l'homme n'est pas naturellement bien conformé pour nager, & que dans cet éxercice tous ses mouvemens sont renversés & contre ſes habitudes, que ſa tête y eſt mal ſoutenue, que les organes externes de ſa reſpiration n'y ſont qu'à quelques pouces de la ſurface des eaux, & qu'ainſi, pour peu qu'elles *friſent*, comme s'expriment les Marins, ou qu'elles s'élèvent en petits monticules, elles inondent perpétuellement ſon viſage, bouchent abſolument ſes narines & le ſuffoquent dans toute la plénitude de ſes forces, il s'enſuit que l'on avoit à déſirer un art, moyennant lequel l'homme entrât & ſe ſoutînt dans les eaux les plus profondes, les plus rapides & les plus agitées, préciſément de même qu'il ſe tient debout ſur la terre, ou qu'il y marche : il falloit alors qu'il n'eût jamais à craindre le renverſement, qu'il s'y ſoutînt ou y avançât, ſans redouter la crampe,

ni l'épuifement de fes forces ; qu'é-
tant à flot, les organes externes de
fa refpiration fuffent confidérablement éloignés de la furface des eaux,
fans nuire à la fermeté de fa pofition ; qu'il pût y prendre toutes
fortes d'attitudes, & fe ramener avec
aifance à la pofition verticale, ou
fe tenir tout debout, même plus
fûrement qu'en terre ferme (1); que

---

(1) La ftation, ou l'action de fe tenir
debout en plein air, fans changer de place,
devient, en affez peu de tems, incommode
& incertaine. Comme on ne pofe alors que
fur les plantes des pieds, dont les bafes,
étroites & courtes, portent tout le poids
du corps, qui n'eft environné que de l'air,
fluide très-peu réfiftant, on voit que les
mufcles antagoniftes doivent être dans une
tenfion perpétuelle, pour conferver au corps
fa perpendicularité, ou le préferver de la
fes

fes bras fuſſent aſſez dégagés des eaux, pour y faire aiſément toutes fortes de manœuvres, & enfin qu'il pût y marcher, à toute rigueur, de même que ſur la terre ; art, comme l'on voit, abſolument nouveau, & que je me propoſe d'enſeigner, dans

---

chûte ; voilà pourquoi il eſt ſi fatigant de ſe tenir debout, pendant quelques heures, ſans marcher.

Or, quand on ſe tient tout debout, à flot, plongé juſqu'aux mamelles, non-ſeulement les plantes des pieds éprouvent une très-légère preſſion, mais toute la partie plongeante du corps ſe trouve comme engainée & bien retenue dans un fluide, réſiſtant à ſa chûte ou à ſon déplacement huit cents fois plus que l'air, ſuivant les expériences des Phyſiciens. Il eſt donc incomparablement plus ſûr de ſe tenir debout, à flot, que ſur la terre, en plein air.

C

cet ouvrage, à tout le monde in-
diftinctement.

---

*RECHERCHES préliminaires fur la
pefanteur du Liége, comparée à celle
de l'eau commune, & fur le centre
de* Gravité *ou de* Pefanteur *du
corps de l'homme.*

Le Liége, cette écorce fi connue
d'une efpèce de chêne, eft la matière
première, dont je fais ufage pour la
conftruction de l'habit à nager, fans
l'avoir jamais appris, auquel j'ai
donné le nom de *Scaphandre* ou de
Bateau de l'homme.

Cette matière eft beaucoup plus
légère qu'un pareil volume d'eau.
C'eft pourquoi les Pêcheurs s'en
fervent pour foutenir, en partie,
leurs filets au-deffus de l'eau, fous

laquelle ils s'enfonceroient trop sans cette précaution.

Il étoit assez naturel à ceux qui ne sçavoient point, & qui vouloient pourtant sçavoir nager, d'imiter ce que faisoient les Pêcheurs. Aussi voit-on souvent, dans les ports de mer, des jeunes gens garnir leur poitrine de morceaux de Liége, pour apprendre à nager avec plus de confiance, jusqu'à ce qu'ils aient appris à s'en passer, à force d'éxercice ou de mouvemens étudiés.

Cette coutume est fort ancienne. Les premiers Romains donnoient des éloges aux jeunes gens, parvenus à ce qu'ils appelloient *nare fine cortice*, c'est-à-dire, à nager sans écorce ; il y avoit même une sorte de mépris attaché à l'ignorance de cet art ; ignorance aussi honteuse que celle de ne pas fçavoir lire. Un homme étoit réputé chez eux n'être propre à rien, quand on difoit de lui *nec nare nec litteras didicit*, il n'a appris ni à nager ni à lire.

Il ne leur tomba point dans l'efprit, qu'il pouvoit y avoir un art d'employer l'écorce, pour le nager, bien fupérieur à celui de s'en paffer. Tout art fuppofe des règles, & toute règle veut des principes d'expérience ou de théorie. Avec trop de Liége il y auroit de l'incommodité & même du danger, & avec trop peu on ne rempliroit point fes vues; s'il n'étoit point placé où il faut, fi l'équilibre de fes parties n'étoit pas bien gardé, fi elles n'étoient pas rompues convenablement aux différentes infléxions du corps, fi elles en gênoient ou fi elles en bornoient

trop les mouvemens, si elles y te-
noient d'une manière incertaine &
incommode, si elles l'exposoient au
renversement, &c. il est clair qu'un
moyen de cette nature ne seroit pas
proposable, & devroit être rejetté.
Nous avons donc pourvu à tous ces
inconvéniens, & fait de ces premières idées un art tout-à-fait ré-
gulier.

L'expérience nous a donné, pour
premier principe, qu'un morceau
de Liége commun & sec (1) s'enfonçoit dans l'eau, à très-peu près, du
quart de son volume ; c'est-à-dire,

____

(1) Tous les Liéges ne se ressemblent
pas ; il y en a de plus ou de moins poreux,
de plus ou de moins secs : ainsi, par cette
double raison, deux morceaux de Liége,
égaux en volume & en figure, ne sont pas
pour cela de poids égal.

qu'un morceau de Liége, par éxemple, pefant une once, éxigeoit d'être chargé du poids de trois autres onces (1) pour être entièrement

---

(1) Puifque fon propre poids d'une once le fait enfoncer, dans l'eau, du quart de fon volume, en le chargeant d'une autre once, on le fera enfoncer d'un autre quart; fi on y ajoute une nouvelle once, on le verra enfoncer d'un troifième quart; enfin, l'addition d'une troifième once, fera enfoncer fon quatrième quart, ou le fera plonger totalement. Il eft donc très-clair qu'un morceau de Liége, dont le propre poids ne le fait enfoncer dans l'eau que du quart de fon volume, eft en état d'y foutenir un corps trois fois plus pefant que lui.

Quand on met un morceau de Liége fur l'eau, pour voir de combien il s'y enfonce, il faut, avant d'en faire l'obfervation, que les molécules d'air de la partie plongeante en foient bien dégagées; autrement cette

fubmergé, ou en parfait équilibre avec un pareil volume d'eau ; de manière que trois onces de fer, de plomb, &c. placées ou attachées fur ce morceau de Liége, y feroient foutenues ou portées, fans couler à fond.

Au lieu d'une once, prenons une livre, & raifonnant d'après cette première expérience, nous dirons : fi une livre de Liége peut foutenir

---

pièce pourroit furnager, fans s'y enfoncer fenfiblement ; c'eft pourquoi, après avoir fait toucher l'eau à l'une de fes faces, fur laquelle on veut qu'elle furnage, on l'ef-fuiera bien éxactement, pour en emporter tout ce qui pourroît y retenir quelques molécules d'air, & la remettant enfuite fur l'eau, on l'y laiffera tranquille, pendant quelques minutes, afin de pouvoir mieux obferver jufqu'où elle s'enfonce.

C iv

ou porter, fur la furface des eaux, le poids de trois autres livres d'une matière quelconque, il eft clair que fix livres de ce même Liége foutiendront trois fois fix livres, ou un poids de dix-huit livres, fans qu'il puiffe couler à fond.

Par conféquent, fi le corps d'un homme, enfoncé tout debout, jufqu'aux mamelles, dans des eaux profondes, ne pèfe pas dix-huit livres plus que le volume d'eau, où il eft plongé, on voit qu'en revêtant ce corps de fix livres de Liége, fuivant les règles que nous enfeignerons plus bas, ces fix livres de Liége, plongeant entièrement dans l'eau, foutiendront, au-deffus de fa furface, le poids des dix-huit livres, dont le corps excède celui du volume d'eau, où il plonge, & qu'ainfi, pourvu qu'il ne furvienne point d'autre caufe, il fe foutiendra conftamment à cette hauteur, fans pouvoir jamais enfoncer au-delà.

Du centre de Gravité ou de Pefanteur dans le corps de l'homme.

Ce n'eft pas fans deffein que nous venons de choifir l'éxemple d'un homme, enfoncé debout, jufqu'aux mamelles, dans des eaux profondes, où il feroit foutenu par fix livres de Liége, qui y plongeroient totalement ; nous devons à une feconde expérience cette quantité de Liége & cette immerfion déterminées, lefquelles ferviront de fondemens pour la conftruction du Scaphandre.

Mais, outre cela, il faut confidérer un *Point,* ou plutôt une *Ligne,* fur laquelle pofant le corps d'un homme, fes parties deviennent en équilibre, ou fe balancent réciproquement, fans que la fomme des unes l'emporte en pefanteur fur la fomme des autres : c'eft-là ce que les Phyficiens appellent le *centre de Gravité* ou la *ligne de Pefanteur* de ce corps.

Mefurez-en la longueur ou la hauteur ; prenez-en la moitié, qui fe terminera vers la région du *pubis* ou des *aînes* ; faites-y paffer une ceinture fort étroite ; fufpendez-y ce corps, & vous trouverez que le poids de fa partie fupérieure l'emporte de beaucoup fur celui de l'inférieure. Son centre de Pefanteur n'eft donc pas vers cette région.

Par conféquent ce corps, plongé debout, dans des eaux profondes, depuis les pieds jufqu'à la moitié

de sa hauteur, & qui s'y trouveroit
à flot, par une matière quelconque,
distribuée également sur ses deux
moitiés, y auroit, sans contre-
poids (1), une consistance fort in-

----

(1) Les contre-poids font de nouvelles
charges & de nouveaux soins. Si on venoit
à les oublier ou à les perdre, on passeroit
fort mal son tems dans l'eau. Le Matelot,
qui n'auroit pas le tems de s'en défaire,
seroit retardé & appesanti dans ses manœuvres, & le Soldat, surpris par l'ennemi, en s'en défaisant, seroit massacré,
avant de pouvoir se défendre. Notre Scaphandre est tellement construit, que l'on
trouve, dans son propre corps, les contre-
poids qu'il seroit si incommode & si dangereux d'aller chercher ailleurs. Cependant,
quand on a le tems à soi, & que l'on veut
tenir, hors de l'eau, une plus grande partie
de son corps, les contre-poids peuvent être
très-utiles.

certaine; pour peu qu'il se dérangeât de la verticale, ou de la perpendiculaire à l'eau, il seroit dans un danger perpétuel de faire la culbute, de mettre sa tête où seroient ses pieds, & ses pieds en la place de la tête; puisque la moitié supérieure de ce corps étant, comme on vient de le voir, plus pesante que l'inférieure, tendroit sans cesse à porter la tête vers le fond, & les pieds vers la surface de l'eau; position des plus incommodes & des plus dangereuses.

En regardant, comme une seule masse, ce corps & la matière étrangère, qui le soutient dans les eaux, il faut donc, pour qu'elle y soit à flot avec quelqu'assurance, qu'elle y plonge au moins jusqu'à son centre de Pesanteur, que l'on trouve,

en certaines perfonnes, vers la région du *bréchet* ou du *fcrobicule;* car
alors, flottant fur une ligne, chargée
également des deux côtés, il n'y a
pas de raifon pourquoi l'équilibre
fe romproit, fans une caufe étrangère.

Cela ne fuffit pourtant pas pour
une parfaite fécurité; cet équilibre
pourroit être trop aifément rompu,
par une infinité d'accidens; le fouffle
de l'air ou des vents, l'agitation
irrégulière des eaux, les moindres
manœuvres, dont la preffion fe
feroit beaucoup plus fur la partie
fupérieure, qui eft en l'air, que fur
l'inférieure, plongée dans les eaux,
donneroient à l'homme (que nous
remettons en la place de la maffe
fuppofée) une perpétuelle inquiétude, pour regagner fon équilibre,
par l'action de fa volonté.

Afin d'infpirer une parfaite confiance à ceux que l'on voudroit
mettre à flot, de cette manière,
dans des eaux profondes, on feroit
donc forcé de les y faire plonger
jufqu'à quelques pouces au-deffus
du centre de Pefanteur ; car alors
ce centre, follicité à céder ou à fe
déplacer par quelqu'accident, trouvant une forte réfiftance de la part
de l'eau, où il plongeroit, feroit
dérangé bien difficilement, pour
peu que l'action de la volonté con-
courût à la confervation ou au ré-
tabliffement de fon équilibre.

C'eft pourquoi, voulant abfolument me paffer de contre-poids,
toujours incommodes & quelquefois dangereux, je me fuis déterminé à laiffer plonger, tout debout,
le corps avec le Scaphandre, jufques

vers la région des mamelles; ce qui n'ôte point aux bras la liberté de leurs mouvemens en plein air.

On peut voir à préfent combien porte à faux l'objection, que l'on m'a faite tant de fois, de ne pas laiffer hors de l'eau une plus confidérable partie du corps; c'eft que, dans ce cas, le centre de Pefanteur n'étant plus retenu par l'eau, où il ne plongeroit pas, ou dans laquelle il ne plongeroit pas affez, il faudroit une grande & perpétuelle attention pour fe bien tenir, toujours expofé à faire la culbute; au lieu qu'au point, où je fais monter l'eau, on a, avec le libre éxercice de fes bras, une fermeté & un maintien beaucoup plus affurés que fur la terre, en plein air.

Nous n'y pofons que fur deux

petites bafes, les plantes de nos pieds; tout le refte du corps n'eft entouré que d'air, fluide, fuivant les expériences des Phyficiens, ré-fiftant, à peu près, huit cents fois moins que l'eau : mais plongé dans ce dernier élément, environ juf-qu'aux trois quarts de fa hauteur, il fe trouve comme engaîné dans une matière, dont la forte réfiftance affure fa pofition contre les chocs étrangers. Voilà pourquoi on éprou-vera conftamment plus de fermeté, plongé dans l'eau, comme je le fuis avec mon Scaphandre, que quand on fe tient debout fur la terre, ou que l'on y marche en plein air.

On verra plus bas les moyens auxquels il faut recourir, quand on veut avoir, hors de l'eau, une plus grande partie du corps.

Quelles

Quelles sont les parties du corps, que l'on doit charger ou revêtir de Liége ?

La nature, comme nous venons de le dire, a fait la moitié supérieure du corps de l'homme plus pesante que l'inférieure ; & comme il est principalement question, quand on est à flot, d'empêcher la tête, & sur-tout les organes externes de la respiration, d'être submergés, il faut que l'art rende, au contraire, la partie supérieure du corps plus légère, dans l'eau (1), que l'infé-

___

(1) Lorsqu'on charge de Liége la partie supérieure du corps, elle devient encore, en plein air, plus pesante qu'elle n'étoit à l'égard de l'inférieure ; mais, dans l'eau, elle peut y devenir beaucoup plus légère : car, supposons que la partie supérieure pèse,

D

rieure ; de manière qu'après avoir
habillé un homme, comme nous
l'enseignerons, s'il venoit à tomber
dans une eau profonde, ou si on l'y
jettoit cul par dessus tête, il pût
revenir tout debout, la tête la première, à la surface de cette eau,
en y plongeant seulement jusqu'au
bas des épaules ; c'est-à-dire, qu'en
langage de Marine, la partie infé-

---

dans l'air, quatre livres de plus que l'inférieure, & que cette même partie supérieure, chargée de Liége dans l'eau, soit,
par ce moyen, retirée ou repoussée vers
sa surface, avec une force de dix-huit livres, il est évident que la supérieure pèsera
alors quatorze livres moins que l'inférieure,
les quatre livres, que cette dernière pesoit
de plus, dans l'air, se trouvant détruites,
dans l'eau, par quatre autres livres égales,
prises du nombre des dix-huit, qui agissent
en sens contraire.

rieure du corps pût *Lester* la supérieure, par la feule conftruction
de l'efpèce d'armure, dont il feroit
revêtu.

On fe gardera donc bien de garnir
de Liége les pieds, les jambes & les
cuiffes; on rendroit ainfi plus légère, dans l'eau, la partie du corps,
qui doit y être la plus pefante, &
l'on feroit tendre vers fa furface
ce qu'il faut, au contraire, porter
vers fon fond.

Il ne faudra pas même en revêtir
tout le baffin, c'eft-à-dire, toute la
région qui s'étend depuis le pubis
jufques vers le milieu des hanches;
cela gêneroit le mouvement des
cuiffes, & augmenteroit encore,
dans l'eau, la légèreté d'une partie,
qui doit contribuer au *Left*; car les
feffes ne pourroient être portées,

D ij

au moyen du Liége, vers la surface de l'eau, qu'en faisant incliner la partie antérieure du corps vers cette même surface, dont nous cherchons précisément à l'éloigner.

Nous avons trouvé que, pour avoir, à flot, une position commode & bien assurée, il ne falloit pas que ce corselet, garni de Liége, portant sur les épaules, descendît plus bas que les environs du milieu des hanches. Par cet artifice, la partie supérieure du corps, rendue plus légère, dans l'eau, que l'inférieure, se tiendra au-dessus de sa surface, & l'inférieure, devenue alors la plus pesante, se portera nécessairement vers le fond.

Cet espace, depuis la ceinture ou environ le milieu des hanches, jusqu'aux mamelles, est assez peu

étendu. Voilà pourtant la feule portion de furface, qui règne tout au
tour du corps, fur laquelle nous
avons à diftribuer, avec art, les fix
livres de Liége, prefcrites par l'expérience. Deux livres environ de
plus, que nous employons, pour
revêtir toute la furface qui envi-
ronne le corps, depuis les mamelles
jufqu'à la hauteur des clavicules, ne
font d'ufage qu'en certains cas, où
elles font forcées de plonger dans
l'eau, comme nous l'expliquerons
plus bas : il faudra donc regagner,
en épaiffeur, ce qui manquera au
Liége, du côté de fa longueur ou de
fa largeur.

Préparation des morceaux ou pièces de Liége, leurs dimensions & leurs poids.

On choisira du Liége, qui ne soit pas trop dense ou trop compact, c'est-à-dire, dont les fibres ou les parties ne soient pas trop serrées ; plongé dans l'eau, il y surnageroit moins, ou tendroit moins à y surnager : il ne faut pas non plus qu'il soit trop poreux ou trop spongieux, c'est-à-dire, qu'il ait de grandes chambres ou de grands creux ; quand on feroit usage du Scaphandre, l'eau iroit se nicher dans ces cavités, se dissiperoit difficilement, lorsqu'on feroit sécher cet habit, & par conséquent exposeroit à une usûre & à une pourriture trop promptes les toiles fur quoi pofe le Liége & dont il eft revêtu, de même que la ficelle & le fil qui en affurent tout l'af-femblage.

Le plus épais des Liéges, qui ont affez bien répondu à mes vues, m'a coûté, à Paris, cette année 1773, treize à quatorze fols la livre, en planches, fortant de la cave, & le plus mince dix fols, chez Madame la veuve Liégeard, rue de la Huchette, où l'on trouve un magafin de cette marchandife, toujours bien afforti.

Après que l'on aura fait un choix convenable de cette écorce, on la coupera en pièces, à bafes ou à faces quarrées, de deux pouces & demi ou trente lignes de long, fur une largeur & une épaiffeur de même; c'eft-à-dire, que chaque pièce de Liége, jufqu'à un certain

D iv

nombre, que j'indiquerai, soit longue, large & épaisse de deux pouces
& demi, en un mot, soit un cube
parfait, dont le côté ait trente lignes ; faite d'un Liége commun, ni
trop serré, ni trop spongieux, elle
doit peser, environ, une once cinq
gros ; ce dont on verra la raison
plus bas.

On ne trouve pas ordinairement
des planches de Liége, épaisses de
deux pouces & demi ; cela même
est assez rare : on en mettra donc
plusieurs pièces, les unes sur les
autres (trois, s'il le faut) [Fig. 1,
Pl. I.] jusqu'à ce que l'on parvienne
à cette épaisseur. En mettant du
Liége à quatorze sols avec du Liége
à dix sols, ordinairement deux pièces
suffisent, & il y a peu de perte.

Pour que les faces, qui poseront

les unes fur les autres, puiffent s'y appliquer bien parfaitement, on les unira ou applanira, au moyen d'un étau, avec un couteau deftiné à cet ufage, & non avec une lime (1); elles feront maintenues, dans leur affemblage, avec de la ficelle, qui les traverfera, de part en part, diagonalement, ou, ce que l'on trouvera, peut-être, plus commode,

---

(1) Cet inftrument rend la furface du Liége, en quelque forte, cotoneufe, toute velue ou hériffée de petits poils fort courts & fort épais : cela ouvre évidemment ou élargit les pores externes de cette écorce, lui fait prendre & conferver plus d'eau, qu'elle n'en retiendroit fans cette opération, & par conféquent expofe les toiles à une plus prompte pourriture; puifqu'après l'ufage du Scaphandre, il faudroit beaucoup plus de tems pour les faire fécher.

avec des chevilles de bois très-grêles, ou, enfin, par tout autre moyen, que l'imagination ou les circonftances préfenteront ; pourvu que ce ne foit pas des clous d'épingle, qui donneroient trop de pefanteur au Scaphandre (1).

L'affemblage des pièces de mon dernier Scaphandre, conftruit, fous mes yeux & ma direction, en Août 1773, s'eft fait avec du bois de hêtre, réduit en petites chevilles (2),

______

(1) Les clous d'épingle étant de fer, font plus pefans qu'un pareil volume d'eau ; ils feroient donc enfoncer davantage le Scaphandre qui y plongeroit ; au lieu que le fil, la ficelle, le bois, étant des fubftances qui furnagent, n'augmentent aucunement, dans l'eau, le poids de cet habit.

(2) Cela eft fort bon pour cet objet ;

légèrement raboteuſes dans leur corps, aiguiſées par un bout, auxquelles on préparoit la voie, par un coup de poinçon très-délié, que l'on enfonçoit, de quelques pouces, dans les pièces de Liége.

Nous avons dit, ci-deſſus, que le Scaphandre ne devoit point deſcendre plus bas que le milieu des hanches, & qu'il ne devoit plonger,

---

elles ſont fort légères, & les inégalités, qui ſe trouvent dans toute la longueur de leur corps, contribuent ſingulièrement bien à les lier avec l'écorce, dans laquelle on les engage; car, dès que leur trajet eſt effectué, les parties du Liége, qui avoient cédé le paſſage, reviennent, par leur reſſort, remplir les petites cavités ou les dépreſſions, ſi fréquentes ſur tout le corps de ces chevilles, & y forment, par-là, une adhérence très-intime.

dans l'eau, que jufques vers la région des mamelles. Il faut donc diftribuer, fur le pourtour du corps, dans ce court intervalle, fix livres de Liége (en quelques cas, huit à neuf, fuivant la pefanteur de cette écorce) mifes en pièces, longues, larges & épaiffes de deux pouces & demi.

Le pourtour du corps d'un homme ordinaire, ou plutôt celui du gilet, fur lequel ces pièces doivent être attachées, a été évalué, fuivant notre eftime, pour la facilité de la refpiration, à trois pieds deux pouces, ou à trente-huit pouces ; on en peut mettre cinquante, à caufe des remplis.

Ainfi, en faifant un rang ou une ceinture de ces pièces, qui en contienne quinze, ou quatorze & deux demies (1), le pourtour de ce rang contiendra quinze fois deux pouces & demi, ou trente-sept pouces & demi, qui reviennent à trois pieds, un pouce, six lignes, ou, environ, à trente-huit pouces, à cause de quelques points d'intervalle, que ces pièces pourront laisser entre elles ; ce qui approche déja beaucoup du circuit du corps ou du gilet : il n'y reste plus qu'à remplir un espace de douze pouces.

Le Scaphandre, que nous allons enseigner à construire, sera divisé en quatre panneaux, qui se réüni-

---

(1) Ces demi-pièces, qui se trouveront sur le devant du corps, à droite & à gauche, se prêtant mieux à leurs approches, que des pièces entières, quand on vient à nouer les cordons antérieurs. Voyez les figures 2 & 7 de la planche I.

ront par des cordons (fig. 1 pl. II). Chaque panneau ayant deux bords latéraux, & mettant un pouce & demi pour le rempli de chaque bord, ce fera trois pouces pour les remplis de chaque panneau, &, par conféquent, douze pouces pour les remplis des quatre panneaux. Ces douze pouces, ajoutés aux trente-huit, couverts de Liége, compofe-ront les cinquante pouces de circuit, donnés à la première toile, avant de la travailler.

Mais, puifque chaque pièce péfe une once cinq gros, ou une once & $\frac{5}{8}$, l'une portant l'autre, ainfi que l'expérience le donne à peu près, les quinze pièces d'une ceinture ou d'un rang pèferont quinze fois une once & $\frac{5}{8}$, ou une livre, huit onces & trois gros ; par conféquent, en mettant de suite quatre rangées ou ceintures de cette espèce, les unes au-dessus des autres, on aura quatre fois une livre, huit onces & trois gros, c'est-à-dire, six livres, une once & quatre gros, répandus sur un pourtour, qui n'aura de large que quatre fois deux pouces & demi, qui reviennent à dix pouces, & un peu plus, à cause de quelques points d'intervalle, que ces rangées laissent entre elles.

Aussi trouvera-ton qu'à compter du milieu des hanches, à peu près, il y a dix à onze pouces jusqu'aux mamelles, dans un homme de taille moyenne, & qu'ainsi nous avons obtenu tout ce que nous demandions.

Remarque effentielle.

Il ne faut pas fe piquer ici d'une précifion mathématique ; la matière, que l'on emploie, pourroit s'y refufer : pourvu que, dans un pourtour ou une ceinture, large de dix pouces & quelques lignes, qui ne s'élève pas au-deffus des mamelles, on puiffe placer commodément & régulièrement, au moins fix livres d'un Liége, ne s'enfonçant dans l'eau que d'un quart de fon volume, on atteindra le but défiré.

Mais, fi, dans ce même efpace, on y en mettoit fept à huit livres, fans nuire à la régularité, ni à la commodité, cela ne gâteroit rien ; excepté, peut-être, dans les eaux de la mer, où il pourroit arriver qu'avec qu'avec une pareille quantité de Liége, on n'enfonceroit pas affez, rélativement au centre de Gravité.

D'un autre côté, fi le Liége, dont on feroit ufage, étoit plus léger que celui de notre expérience; s'il ne s'enfonçoit dans l'eau, par éxemple, que du cinquième de fon volume, au lieu du quart, que nous avons fuppofé, on verra que cinq livres de Liége, diftribuées à notre manière, feroient plus que fuffi-fantes, pour remplir les vues que l'on fe propofe ici; car, en plaçant folidement, fur cinq livres de cette efpèce de Liége, vingt livres de toute autre matière (1), elles fe-

____

(1) Voyez la première note de la page 38; & appliquez ici le même raifonnement qu'on a fait là.

E

roient foutenues à la furface de l'eau, & n'y couleroient point à fond. En ce cas, on pourroit faire les pièces moins épaiffes, ce qui feroit plus avantageux.

Mais, au contraire, fi le Liége s'enfonçoit, dans l'eau, du tiers de fon volume, il en faudroit, au moins, huit livres, placées comme ci-deffus, & ces huit livres ne pour-roient foutenir, à la furface de l'eau, que feize livres d'une matière quelconque (1) : ainfi, en diftribuant ces huit livres, fur le même pour-tour, large de dix pouces & quel-ques lignes, il faudroit néceffaire-ment que chaque pièce de Liége devînt plus épaiffe ; ce qui donne-

____

(1) C'eft toujours par le même raifonne-ment qu'à la note première de la page 38.

roit plus de travail dans la conftruction, & moins de commodité
dans l'habit.

En peu de mots, levolume du Scaphandre dépendra beaucoup de ce
que l'on fe propofera d'éxécuter le
plus communément par fon moyen,
comme nous l'expliquerons plus bas.

Récapitulation de l'article précédent,
qui doit fervir de modèle, pour les cas
où le Liége s'enfonceroit, dans l'eau,
plus ou moins que le quart de fon
volume.

Rappellons-nous bien que le Scaphandre, ou corfelet de Liége, portant fur le haut des épaules, ne doit
pas défcendre plus bas que le milieu
des hanches; que de-là, jufqu'à la
hauteur des mamelles, il y a, ren-

viron, dix pouces & quelques lignes,
dans un homme de taille moyenne ;
que dans ce court intervalle, ou dans
cette largeur de dix pouces & quelques lignes, le Liége s'enfonçant
dans l'eau du quart de son volume,
il en faut, au moins, distribuer six
livres, sur un pourtour, un circuit
ou une grosseur de trente-huit pouces, indépendamment de douze
pouces pour les remplis ; que ces
six livres, divisées par quatre rangées, donnent, pour chaque rangée,
une livre & demie ; que chaque rangée, contenant quinze pièces, chacune de ces pièces devoit péser,
l'une portant l'autre, environ une
once & cinq gros ; & qu'enfin,
chaque pièce étant un cube, dont le
côté auroit deux pouces & demi,
on parvénoit à couvrir de Liége,

d'un poids déterminé, un espace, dont le circuit & la largeur étoient aussi déterminés.

En se dirigeant sur ces préceptes, plus on s'approchera de la précision, plus aussi sera parfaite la préparation des pièces de Liége, &, par une suite nécessaire, la construction du Scaphandre, que nous allons enseigner, après avoir dit un mot sur la manière d'en équilibrer les différentes pièces, avant de les mettre en œuvre.

Manière simple & très-courte d'équilibrer (1) les pièces de Liége d'un Scaphandre, avant sa construction, ou d'en faire l'assemblage.

Cette équilibration est très-nécef-

---

(1) *Equilibrer,* *équilibration* ne se trou-

faire, avant de placer ou de fixer les pièces de Liége fur le gilet ou la première toile. Quoiqu'elles doivent être toutes d'un volume égal, autant qu'il aura été poffible, leur Pefanteur fe trouvera rarement la même, à caufe du plus ou du moins de porofité, qu'il pourra y avoir dans chacune d'elles. C'eft la raifon pourquoi dix pièces, par éxemple, d'un côté, n'auront pas précifément le même poids, que dix autres pièces, du même volume, deftinées au côté correfpondant. Cela admet quelquefois d'affez grandes différences.

---

vent point dans les Dictionnaires. Je confeille fort qu'on les y mette, ainfi que bien d'autres mots, dont la difette force à la circonlocution, qui diminue la fréquence, & rallentit toujours la marche des idées.

Pour les fauver, il faut être pré-venu ou fe rappeller, que le Sca-phandre, dont nous allons enfeigner la conftruction, fera divifé en quatre parties principales, ou en quatre panneaux, deux antérieurs & deux poftérieurs, qui fe réüniront par des cordons, pour en former un tout, fufceptible d'extenfion ou de rétréciffement (fig. 1, pl. II.).

Ainfi, le panneau antérieur gauche doit être en équilibre avec le panneau antérieur droit. Vous direz la même chofe des deux panneaux poftérieurs. De plus, un panneau antérieur droit, réüni au panneau poftérieur du même côté, doit avoir le même poids que les deux panneaux gauches, pris enfemble.

On pourroit trouver cet équilibre, en mettant, l'une après l'autre,

dans un baffin de balance, une colonne d'un panneau, & dans l'autre
baffin une femblable colonne du
panneau correfpondant; en obferver
la différence, & en tenir compte;
continuer ainfi, jufqu'à la fin, d'oppofer colonne à colonne, afin de
voir en quoi diffèrent les deux
fommes, & d'en faire la compen-
fation.

Mais cela eft trop long, trop mi-
nutieux, & fans avantage. Il eft plus
court, & tout auffi fûr de mettre,
dans un baffin de balance, toutes
les pièces de Liége, deftinées, par
éxemple, à compofer le panneau
droit antérieur, &, dans l'autre
baffin, toutes celles qui doivent
former le panneau gauche auffi antérieur, & d'en bien éxaminer la
différence du poids.

Si le droit l'emporte fur le gauche, prenez, dans le droit, une pièce, qui vous paroîtra d'un Liége plus ferré, & dans le gauche une pièce plus poreufe ; changez-les de baffin, c'eft-à-dire, mettez la plus pefante dans le baffin le plus léger, & la plus légère dans le plus pefant, il arrivera qu'après une ou deux tranfpofitions de cette efpèce, vous aurez un équilibre affez convenable. En faifant la même chofe par rapport aux deux panneaux poftérieurs, vous trouverez qu'en moins d'un quart d'heure, vous ferez bien affuré, quant au Liége, de l'équilibre des panneaux correfpondans.

Ne confondez rien, arrangez toutes vos pièces en lieu fûr, difpofez vos panneaux, comme ils doivent être fur la toile, & préparez - vous à la conſtruction du Scaphandre.

CONSTRUCTION DU SCAPHANDRE.

Taillez-vous, ou faites-vous tailler un gilet de coutil, ou d'une forte toile de chanvre, également large de haut en bas, dont le circuit ou le pourtour ſoit de quatre pieds deux pouces, ou de cinquante pouces, & la hauteur de deux pieds ſeulement, ou de vingt-quatre pouces. N'en aſ-ſemblez point les épaulettes, éten-dez-en bien la largeur ſur un plan quelconque, une table, le plancher d'un appartement, &c.

Sur toute cette largeur tirez une ligne A B (fig. 2, pl. I.), à trois pouces de diſtance du bord infé-rieur L M; à dix pouces plus loin,

& au-deſſus de cette ligne, tirez-en une autre CD, parallèle & ſemblable à la précédente. C'eſt dans cet intervalle que vous placerez les pièces ou les cubes de Liége, préparés ci-deſſus. Comme ils ſont larges de deux pouces & demi, quatre de ces cubes, mis immédiatement à la ſuite & au-deſſus les uns des autres, couvriront un eſpace de dix pouces de large.

Les entournures FGH, c'eſt-à-dire, les échancrures, qui vont du haut des épaules juſqu'au-deſſous des aiſſelles, ſeront creuſées juſqu'à cette dernière ligne, excepté environ un pouce & demi, que vous laiſſerez pour les remplis : ainſi, vous avez déja pris quatorze pouces & demi ſur toute la hauteur du gilet, en partant de ſon bord infé-

rieur. Prenez encore huit pouces,
depuis la ligne C D jufqu'à la ligne
K N , qui terminera toute la hauteur
de l'habit : le pouce & demi reftant
fervira aux remplis du bord fupérieur.

Si vous vous déterminez à faire
ufage, comme je l'ai fait pour un de
mes Scaphandres, de pièces de Liége
cubiques, dont le côté ait deux
pouces & demi, vous diviferez
alors, en quatre parties, la largeur
du gilet, qui contient cinquante
pouces. Ces quatre parties ne peuvent être égales ; la conftruction
n'en feroit pas commode. J'ai donc
deftiné trois pièces & demie de
Liége, pour déterminer la largeur
de chaque panneau antérieur, &
quatre pièces pour chaque panneau
poftérieur ; ce qui fait en tout les

quinze pièces, qui doivent former chaque rang du pourtour.

Mais trois pièces & demie, à deux pouces & demi la pièce, font huit pouces neuf lignes, que nous évaluerons à neuf pouces, afin de calculer rondement. Chaque panneau a deux bords latéraux ou le long de fa hauteur ; cela éxige deux remplis, à un pouce & demi chacun ; c'eſt trois pouces, leſquels ajoutés aux neuf pouces, qui doivent être couverts de Liége, font douze pouces de large pour la toile de chaque panneau antérieur, & vingt - quatre pour les deux enfemble.

Enfin, quatre pièces de Liége, à deux pouces & demi la pièce, devant auſſi déterminer la largeur de chaque panneau poſtérieur, cela fait dix pouces pour chacun. Ajoutez-y trois pouces que prendront les remplis ; la toile de chaque panneau poſtérieur doit avoir treize pouces de large , & les deux enſemble vingt-ſix pouces : ſi on les joint aux vingt-quatre des deux panneaux antérieurs, pris enſemble, on retrouvera les cinquante pouces, que nous avons donnés au pourtour total ; c'eſt-à-dire , trente-huit, en nombres ronds, pour la partie de la largeur, qui doit être couverte de Liége, & douze pouces pour les remplis.

En pliant donc la largeur du gilet en deux, le long de la ligne P S, on portera treize pouces ſur la ligne L M., de l'un & de l'autre côté du point P, & les points R, T, qui les termineront, indiqueront, avec

le point P, les lignes R G, P S, T G,
par lesquelles les ciseaux doivent
passer, afin d'avoir la largeur du
gilet, divisée comme il convient.

Prenez une de ces parties, par
éxemple, celle qui est destinée à
former le panneau droit antérieur ;
tendez-la bien sur un chassis, ou sur
un petit métier ; autrement vous
pourriez fort mal réüssir : soyez muni
d'un étau, d'un villebrequin, dont la
mèche, ou la partie qui perce, soit
très-grêle ou très-déliée, d'un carrelet ou forte aiguille, longue d'environ quatre pouces, angulaire vers
la pointe, & de ficelle aussi menue
que du gros fil : tenez votre carrelet enfilé, mettez une pièce de
Liége dans l'étau, percez-la de part
en part avec le villebrequin, à
quelques lignes de distance de deux

encoignures, ou angles oppofés fur une même face, comme vous le voyez (fig. 3, pl. I.) ; & plaçant cette pièce de Liége fur la toile du chaffis, en partant de la ligne AB, (fig. 2, pl. I.) à un pouce & demi du bord latéral poftérieur GT, vous ferez paffer, par un des trous de cette pièce, le carrelet & le fil à travers la toile. Vous laifferez affez de ce fil, fur la face fupérieure, afin d'y pouvoir faire un nœud, quand vous aurez ramené l'aiguille, par l'autre trou de la face inférieure, fur la première d'où vous êtes parti. Vous aurez foin de bien ferrer & de bien affurer ce nœud, de peur que les pièces, expofées à fe déranger, ne vinffent à rompre la colonne qu'elles doivent former.

Cette première pièce, une fois

bien

bien affife & bien affurée, vous continuerez à placer les autres de même, bien ferrées les unes au-deffus & à côté des autres, en formant, pour ce panneau antérieur trois colonnes (1) de quatre pièce

---

(1) On appelle *rangs*, dans l'art militaire des hommes placés les uns à côté des autres, & *files*, une fuite de foldats les uns derrière les autres. Si les pièces de Liége reftoient placées horizontalement, comme elles le font dans les figures 2 & 7 de la planche I. Celles qui fuivroient la direction A B formeroient des *rangs*, & ce feroient des *files*, fuivant la direction PS ; mais, quand le Scaphandre eft fur le corps, pour lequel il eft fait, les pièces de Liége montantes, n'étant plus les unes derrière les autres, mais les unes au-deffus des autres, comme les différentes affifes d'une *colonne*, nous donnons ce dernier nom à une fuite de Liéges, qui vont en montant.

F

chacune, avec une quatrième colonne, qui doit se terminer à un
pouce & demi de l'autre bord latéral antérieur MBDN, & composée
uniquement de quatre demi-pièces,
larges de quinze lignes chacune,
comme vous pouvez le voir en *xy*,
(fig. 2, pl. I.)

Remarque très-utile, pour se bien assurer
de la position & de la juste direction
des quatre pièces d'une colonne,
lorsqu'on vient à les appliquer sur
la première toile.

Au lieu d'appliquer, séparément &
successivement, chaque pièce d'une
colonne sur la première toile, on y
appliquera en même tems une colonne entière, longue de dix pouces, que l'on aura préparée, sans en

féparer les quatre pièces qui la com-
pofent ; elles feront feulement di-
vifées & coupées , en préparant
chaque colonne , jufqu'à la diftance,
d'environ une ligne , de la face fur
laquelle elle doit tenir à la toile ;
(fig. 8 , pl. I.) par ce moyen elles
tiendront toutes enfemble avant
qu'on les applique , & dans le tems
qu'on les appliquera.

Quand la ficelle les aura bien arrêtées fur la toile , chacune féparément , en faifant plier cette colonne,
les quatre pièces s'en cafferont très-
aifément dans leurs lignes de divifion , qui ont très-peu d'épaiffeur,
comme nous l'avons dit. Cela expé-
diera très-promptement l'ouvrage,
& l'on fera bien fûr de la jufte direction de ces pièces ; puifqu'elles
fe trouveront arrêtées fur la toile,

précisément de même qu'on les aura préparées.

Pour avoir les deux demi-colonnes, (fig. 9, pl. I.) divisées comme il convient, il n'y aura qu'à couper une colonne entière, suivant la ligne de dix pouces A B, qui en mesure la hauteur, en passant par la moitié de sa largeur C S.

Les quatre colonnes, dont chaque panneau est composé, ne vont que jusqu'à la hauteur de l'extrêmité inférieure G de l'entournure ou de l'échancrure de ce panneau. Les pièces que l'on ajoutera, pour achever de couvrir les huit pouces restans dans la partie supérieure du gilet, iront toujours en diminuant d'épaisseur par degrés, de manière à éviter les ressauts, dont l'effet peu agréable expoſeroit les toiles du Scaphandre à une plus prompte uſûre (fig. 4, pl. I.).

Cette diminution graduelle d'é-paiſſeur, dans les pièces ſupérieu-res, eſt néceſſaire, pour éviter deux grands creux ou deux eſpèces de hottes, qui ſe formeroient autour du col, ſi ces pièces y avoient au-tant de ſaillie que dans les parties inférieures. Les épaules & les ma-melles, qui pouſſent toujours en dehors, compenſeront cette dimi-nution, lorſqu'on ſera revêtu du Scaphandre.

Les pièces ſupéricures, qui dimi-nueroient trop bruſquement, ne manqueroient pas de faire une boſſe à cet habit. Il eſt vrai que l'effet, pour l'eau, n'en feroit point altéré ; mais il faut toujours éviter les formes

défagréables, dont il ne réfulte aucun avantage.

Q U E S T I O N.

On demandera, peut-être, à
quoi fervent les pièces de Liége,
qui ne s'enfonceront point dans
l'eau ? Elles ferviront à relever plus
promptement le corps, lorfqu'il fera
forcé d'y plonger par une force ac-
célérée, ou par les vagues qui s'é-
leveront confidérablement dans un
gros tems ; mais bien plus encore à
plaftronner très-avantageufement
les foldats, que l'on revêtiroit de
Scaphandres, pour quelqu'expédition militaire, prompte & délicate.

Première remarque.

A trois ou quatre pouces de l'extrêmité supérieure jufqu'au haut de l'habit, on peut faire ces pièces très-minces; afin qu'elles ne bleffent ni les clavicules, ni les épaules. C'eft pour cette raifon qu'on ne garnira d'aucunes pièces de Liége toute l'étendue des épaulettes.

Seconde remarque.

On adoucira ou plutôt on arrondira les angles ou les arêtes de toutes les pièces, qui bordent les extrêmités. Ces parties, alors moins faillantes, & par-là moins expofées aux frottemens, s'en uferont auffi beaucoup moins.

Un fimple arrondiffement d'arêtes ne fuffiroit point pour les pièces, qui bordent les entournures ou les échancrures : il faut les tailler en bifeau, c'eft-à-dire, leur donner un grand talus, pris d'auffi loin que l'on pourra, tant aux morceaux d'au-deffous des aiffelles, qu'à ceux qui vont de-là jufqu'aux clavicules antérieurement, & poftérieurement le long des épaules ou des omoplates. Sans cela, les bras, trop écartés du corps, lorfqu'on les laifferoit tomber naturellement le long des côtés, ou trop repouffés, lorfqu'on les porteroit vers la poitrine ou vers l'épine du dos, éprouveroient beaucoup de gêne & même d'incommodité, dans un grand nombre de leurs mouvemens (fig. 5 , pl. I.).

Troifième remarque.

Il feroit encore mieux que tout le bordage FGH des entournures, qui va montant antérieurement vers les clavicules, & poſtérieurement le long des omoplates, fût abſolument dégarni de Liége, juſqu'à la diſtance de deux ou trois pouces des bras ; on n'y laiſſeroit que les toiles, uniquement pour ne pas trop dégarnir ces parties. Je m'en ſuis bien trouvé à un de mes anciens Scaphandres, que j'ai fait réformer, ſuivant cette pratique ; les bras jouiſſant alors de toute la liberté qu'ils peuvent avoir.

De la ſeconde toile, qui doit recouvrir les morceàux de Liége, placés, mis en ordre, & bien arrêtés ſur la première, ou ſur le gilet.

Il faudra de cette toile, au moins, le triple de la première ; car, au lieu d'une face, à laquelle celle-ci s'ap-

plique, la feconde toile doit en
envelopper trois ; c'eft-à-dire, faire
le contour & plonger dans toute
la profondeur de chaque colonne,
afin que tous les panneaux, féparément ou réünis par les cordons,
puiffent fe réplier fur eux-mêmes,
comme un rouleau de papiers. Cela
donne de la fléxibilité à tout l'habit,
il s'accommode mieux à la ron-
deur ou aux infléxions du corps de
l'homme, & eft plus facile pour le
tranfport.

Après avoir bien faufilé un des
bords de la feconde toile avec ce
que l'on a laiffé de la première,
pour fervir au rempli dè l'un des
bords d'un panneau, on l'ôtera de
deffus le chaffis ou le métier ; &,
ayant coupé d'une longueur convenable cette nouvelle toile, on l'ap-

pliquera, bien éxactement & bien
uniment, sur chacune des trois faces
restantes de la première colonne,
sur laquelle on travaillera ; de manière qu'elle se trouve parfaitement
enveloppée , & très - étroitement
ferrée par les deux toiles.

Pour que cette enveloppe demeure bien assurée , on ouvrira la
colonne , [fig. 6, pl. I.] (ce qu'on
auroit fait difficilement sur le métier) afin qu'entr'elle & sa voisine
on puisse faire plonger , dans le bas
de sa profondeur rs, le carrelet &
sa ficelle , qui perceront les deux
toiles , que l'on aura soin ici de
coudre en arrière-points, assez éloignés ; de peur qu'autrement les
toiles ne se déchirassent en les fer-
rant.

Lorsque toutes les colonnes d'un

panneau feront ainſi bien aſſurées dans leur enveloppe, on doublera le coutil, ou la toile de deſſous, d'une autre toile plus légère, ſi l'on veut, tant pour mettre à couvert, de ce côté là, les nœuds & la ficelle, que pour empêcher le corps d'en être incommodé. On fera enſuite les remplis ; & ſi l'on veut s'en tenir là, comme je le conſeille fort, c'eſt-à-dire, ſi l'on ne ſe propoſe pas de donner au Scaphandre un habit plus riche que la toile écrue, qui lui ſert de revêtement, on attachera les cordons, comme on le voit dans la fig. 1, pl. II, à quelque diſtance des bords, afin que les quatre parties du Scaphandre puiſſent mieux ſe rapprocher.

On fera, ſur les autres panneaux, ce que l'on vient de faire ſur le premier. De l'extrêmité antérieure & inférieure de chaque panneau postérieur partira une courroie BL, (fig. 1, pl. II.) qui viendra s'attacher à une boucle T (1), fur le côté

---

(1) Afin que la courroie coulât mieux dans la boucle, lorfqu'on viendroit à ferrer, il feroit bon que la traverfe BC, (fig. 3, pl. III.) ou la partie de la boucle, fur laquelle tire la courroie, fût bien roulante, afin de diminuer l'augmentation du frottement, qui furvient prefque toujours, quand les toiles & le fer viennent à fe mouiller.

Pour éviter cet inconvénient, je me pafferois de boucles au pantalon; en leur place, je mettrois des boutons, & ferois faire quelques boutonnières, les unes au-deffus des aurres, à la courroie qui doit s'y attacher, afin que l'on pût ferrer plus ou moins, fuivant le befoin. Alors, comme tout cet hahit n'auroit aucune partie de fer.

du pantalon (fig. 1, pl. III.), dont nous parlerons bientôt, &, aux extrêmités poſtérieures & inférieures des mêmes panneaux, on attachera des cordons M S (fig. 1, pl. II.), qui ſerviront à retenir la queue ou la ſuſpenſoire (fig. 2, pl. III.), terminée par un plaſtron, laquelle eſt deſtinée à ſervir de ſiége, & à ſoutenir tout l'effort de l'habit, quand on eſt à flot. Sur le haut de la poitrine ſeront auſſi deux boucles *r*, *s*, (fig. 1, pl. IV.) ou deux cordons pour le même uſage ; ce que nous ne manquerons pas d'expliquer, dès que nous en ferons à la deſcription de cette ſuſpenſoire.

---

plongeante dans l'eau, on n'auroit point à en craindre la rouille, qui en hâteroit la deſtruction.

Observation sur la grosseur du Scaphandre.

Nous ne conseillons point de faire les pièces de Liége plus épaisses que de deux pouces & demi. Un Scaphandre trop renflé deviendroit trop embarrassant ; on manœuvreroit lourdement avec un pareil habit, & en certaines circonstances, par exemple, quand on monteroit à des échelles, sur lesquelles il faudroit travailler, cela éloigneroit ou repousseroit trop le corps de l'homme, des objets ou des ouvrages qui exigeroient une grande proximité, & l'exposeroit même au renversement ou à la chûte.

Au contraire, on agira bien plus lestement avec un corselet moins épais. Pourvu que l'on n'ait pas de grands efforts à faire dans l'eau, des pièces de Liége, qui auroient seulement deux pouces de long sur deux pouces de large, avec une épaisseur de deux pouces & un quart, satisferoient pleinement aux cas les plus ordinaires de la vie, sur-tout dans les naufrages, où l'agilité devient le plus nécessaire.

Alors chaque rangée du Scaphandre contiendroit dix-neuf pièces de Liége, ou dix-huit pièces & deux demi-pièces (fig. 7, pl. I.); ce qui feroit, comme ci-dessus, trente-huit pouces de circuit, & chaque colonne, jusqu'à la hauteur du plus bas des entournures, feroit composée de cinq pièces, lesquelles couvriroient encore, comme dans le premier cas, une largeur de dix pouces.   On

On deſtineroit donc quatre pièces & demie pour la largeur de chaque panneàu antérieur ; ce qui feroit dix-huit pouces, & cinq pièces pour celle de chaque panneau poſtérieur, qui feroient vingt pouces de circuit ; leſquels, ajoutés aux dix-huit des panneaux antérieurs, redonneroient les trente-huit pouces, aſſignés au pourtour du gilet, indépendamment de douze pouces réſervés pour les remplis, ainſi que dans le premier cas. Voyez cette nouvelle diſtribution, & le nombre des pièces juſqu'aux échancrures dans la fig. 7, pl. I.

La conſtruction du reſte eſt ici la même qu'auparavant ; mais, comme il y a moins de Liége que dans la première ſuppoſition, le corps s'enfoncera un peu plus : car, ſi on en

G

fait le calcul (1), en le comparant au précédent, on trouvera un peu plus de cinq livres & demie de Liége, pour recouvrir le même espace, que nous avons trouvé d'abord chargé d'environ six livres.

Or, cinq livres & demie de Liége, s'enfonçant, dans l'eau, du quart de son volume, n'y pourront soutenir que seize livres & demie

---

(1) En cubant les soixante pièces de Liége du premier cas, on trouvera $\frac{1875}{2}$ pouces cubes, & faisant la même opération sur les quatre-vingt-quinze pièces du second cas, on aura seulement 855 pouces cubes. Il n'y aura plus qu'à faire cette proportion ou règle de trois, si $\frac{1875}{2}$ pouces cubes pèsent six livres, une once, quatre gros, combien pèseront 855 pouces cubes, & l'on trouvera cinq livres, dix onces & un peu plus.

pèfant de toute autre matière, au lieu de dix-huit qu'elles pouvoient y foutenir, lorfque de plus grandes dimenfions nous permettoient d'y mettre fix livres de cette écorce.

Seconde équilibration du Scaphandre.

Quoique nous ayons déja équi-libré les panneaux de Liége, qui devoient compofer cet habit, avant fa conftruction, les toiles, la ficelle, le fil & les cordons, dont ils font préfentement chargés, ne pèfant pas également dans toutes leurs parties, il en faudra revenir à une dernière équilibration des quatre panneaux, qui en feront l'affemblage, quand il fera entièrement fini.

On mettra donc, comme ci-de-vant, les deux panneaux antérieurs, chacun dans un baſſin de balance, & l'on obſervera de combien l'un pèſe plus que l'autre. On fera la même choſe par rapport aux deux panneaux poſtérieurs. Enfin, on mettra les deux panneaux gauches, pris enſemble, dans un même baſſin, & dans l'autre les deux panneaux droits, auſſi réünis : ſi l'on trouve, par éxemple, que le droit pèſe une once ou deux plus que le gauche, on introduira, entre les toiles du plus léger, une lame de plomb, pèſant une once ou deux, & l'équilibre ſe trouvera rétabli.

Manière ſimple & commode d'augmenter la force d'un Scaphandre.

Comme cela n'aura lieu que par occaſion, on en fera une partie amovible ou additionnelle, que l'on pourra mettre ou ôter à volonté. On la divisera, comme le Scaphandre, en quatre pièces; on lui donnera le même circuit ou pourtour; mais sa largeur n'aura que huit à neuf pouces; de manière qu'étant construite & appliquée à l'usage, elle ressemblera à une espèce de Pagne, qui pendra depuis l'extrêmité inférieure du Scaphandre jusques vers le milieu des cuisses. Voyez une partie antérieure de ce pagne. (fig. 5, pl. III.)

On couvrira donc ce Pagne de deux rangées seulement de Liége, dont la première commencera à un pouce & demi de distance de son bord supérieur, qui s'attachera au Scaphandre. Si les pièces de Liége sont larges de deux pouces & demi, comme dans le premier cas de notre conſtruction, elles rempliront un eſpace, large de cinq pouces, leſquels ajoutés à une longueur d'un pouce & demi pour le rempli d'en haut, feront ſix pouces & demi; ainſi, il ne reſtera que quelques pouces pour le rempli d'en bas, & tout le reſte ſe bâtira ou ſe conſtruira, préciſément de même qu'on l'a fait pour le Scaphandre.

Quand on voudra faire uſage de ce Pagne, dans les cas où l'on auroit des poids extraordinaires à ſoutenir, on l'attachera, avec des cordons, au bord inférieur & antérieur de notre corſelet; &, comme ces cordons feront la fonction d'une eſpèce de charnière, dès que l'on ſera à flot, cette partie additionnelle ſe repliera ou ſe couchera ſur la partie inférieure & extérieure de l'habit, dont elle n'occupera que cinq pouces, & augmentera sa force de moitié; démonſtration trop aiſée à comprendre (1), pour que je ſois obligé d'en faire les frais.

---

(1) Il y a des gens ſi dénués de tout, qu'ils ont beſoin qu'on faſſe pour eux les frais des moindres dépenſes. Les deux rangs de Liége, placés ſur ce Pagne, en nous en tenant toujours aux ſuppoſitions du premier cas, pèſent au moins trois livres, & peuvent ſoutenir, à la ſurface des eaux, neuf livres d'une matière quelconque : or, neuf ſont la moitié de dix-huit, que le Scaphandre pouvoit porter avant l'addition du pagne.

Remarque utile sur les toiles du Scaphandre.

Les toiles écrues se retirent confidérablement à l'eau, la première fois qu'on les y met ; c'eſt-à-dire, qu'elles s'y raccourciſſent ou s'y rétréciſſent. On pourroit croire que c'eſt une raiſon pour ne les pas mouiller ici, avant de les mettre en œuvre : cet effet contribueroit, ſans doute, ſingulièrement à bien ſerrer, les unes contre les autres, toutes les parties des colonnes, & à donner beaucoup de fermeté à tout l'aſſemblage de ce corſelet.

Il ne faudroit pas craindre qu'elles ſe fendiſſent ou qu'elles ſe crevaſſent, à force de ſe reſſerrer contre la matière qu'elles envelopperoient, ainſi que cela arrive quelquefois ; le Liége étant ſuſceptible de compreſ-ſion en tout ſens, obéiroit molle-ment à celle deʒ toiles, & ne don-neroit lieu qu'à l'union plus parſaite de ces matières.

Cependant, ce reſſerrement des toiles pouvant rendre les colonnes du Scaphandre roides comme des bâtons, & les empêcher d'obéir aux différentes infléxions du corps, je conſeille fort de mouiller toutes les toiles, avant de les employer. Quand elles viennent à s'avachir, comme s'expriment les ouvriers, c'eſt-à-dire, à devenir un peu plus lâches, j'ai conſtamment éprouvé que l'uſage du Scaphandre en de-venoit auſſi plus commode.

Pour les toiles neuves ou écrues, qui ſerviront à la conſtruction de la

Queue ou de la Suspensoire, terminée par un Plastron, il faudra
absolument les mettre à l'eau, avant
de les y employer ; autrement, il
en pourroit résulter des inconvéniens assez graves, ainsi que nous
allons l'expliquer.

---

*De la construction & des dimensions
de la Queue ou de la Suspensoire,
terminée par un Plastron. (fig. 2,
pl. III.)*

Voilà tout le soutien de l'édifice
dans l'eau. C'est une cinquième pièce
du Scaphandre, qui s'y attache, par
des cordons, vers le milieu de sa
partie postérieure & inférieure ; elle
se passe entre les jambes, & se re-
trousse, pour venir s'appliquer sur
la poitrine, en forme de Plastron :

elle y eft retenue par des cordons
ou des boucles *r*, *s*, placés fur le
haut de la poitrine, de l'un & de
l'autre côté, vers les épaules,
(fig. 1, pl. IV.)

Moyennant ce fimple artifice,
quand on vient à flot, le Scaphandre, porté vers la furface de l'eau,
eft retenu ferme fur le corps, fans
caufer le moindre embarras aux
cuiffes, aux aiffelles, ni à la gorge.
Il lui eft impoffible de remonter,
quand, en s'habillant, on a eu foin
de lui faire bien preffer le fiége, ou
plutôt les feffes; de manière que,
fufpendu bien droit au milieu des
eaux, on y eft pourtant très-véri-
tablement affis fur la Sufpenfoire,
qui tire de bas en haut.

On donnera à cette pièce un pied
& demi ou dix-huit pouces pour

toute fa longueur A C, fix à fept pouces de large à la partie A S, qui paffe entre les cuiffes, & fur laquelle on eft affis, fufpendu dans l'eau ; après quoi elle ira, en s'élargiffant, jufqu'au Plaftron CL, qui aura douze à treize pouces dans fa longueur C D, & onze à douze pour fa largeur D L.

Ce Plaftron eft garni de petits morceaux de Liége, taillés & placés régulièrement, comme dans le Scaphandre. Les efpèces de rainures, formées naturellement entre les colonnes, doivent être verticales ; c'eft-à-dire, que les colonnes doivent s'ouvrir fuivant la longueur du Plaftron, afin de mieux s'appliquer à la courbure de la poitrine.

Pourvu que les morceaux de Liége aient ici un pouce d'épais, cela fuf-

fira ; autrement la faillie de la poitrine , devenant trop confidérable ,
nuiroit à la facilité des manœuvres.

Toute la portion de la Sufpenfoire , faite pour paffer entre les
cuiffes , ou pofer fur les feffes , jufqu'au Plaftron exclufivement , doit
être bien ouatée , c'eft-à-dire ,
qu'entre les deux premières toiles
de cette pièce , il faut mettre , dans
tout l'efpace que nous venons de
dire , une affez grande quantité de
coton , plus fin & plus foyeux que
le coton ordinaire : on s'expoferoit,
fans cette précaution , à bleffer des
parties très-délicates , que l'on a le
plus grand intérêt de défendre &
de conferver. Cette ouate fera bien
piquée , de peur qu'elle ne fe mette
en pelotons.

C'eft la même raifon qui nous a

déterminés à conseiller de mettre à l'eau les toiles de cette pièce, avant de les y employer. L'accourcissement ou le rétrécissement, auxquels font sujettes les toiles écrues, dans un premier lavage, les fait fripper, ou leur occasionne des rides, des plis, des tortillemens, dont l'incommodité n'est pas moins à craindre que le défaut d'ouate.

Après avoir doublé cette pièce d'une troisième toile, comme on a fait au Scaphandre, on mettra, vers chacune de ses extrêmités, deux cordons, assez étendus pour l'allonger ou l'accourcir suivant les différentes tailles, auxquelles il faudra l'accommoder.

Remarque, qui peut avoir son utilité.

Les Scaphandres, qu'on destine-
roit aux Soldats, doivent avoir leur
plastron d'une seule pièce de Liége,
courbée au feu, pour mieux s'ajuster
sur la poitrine ; il peut être plus
épais, & monter plus haut qu'à l'ordinaire, avec une échancrure vers
les clavicules, en forme de hausse-
col : cela seroit très-bon, pour parer
les coups de fusil & de sabre, qui
portent ordinairement vers la poitrine & le col.

Les Ingénieurs, qui iroient re-
connoître des places de guerre,
dont les fossés seroient pleins d'eau,
où il faudroit qu'ils entrassent, pour
mieux faire leurs observations, ajou-
teroient, au Scaphandre du Soldat,

un bonnet ou un casque de Liége, dans lequel la tête s'enfonceroit jusqu'aux sourcils, revêtu de fer blanc, si cela étoit nécessaire, & dont la partie supérieure, ouverte, auroit un fond, pour contenir & y serrer ce qu'ils croiroient nécessaire à leurs différentes opérations. Par ce moyen, leur poitrine & leur tête seroient, presque par-tout, à couvert des coups de fusil, auxquels ils pourroient être exposés ; car on ne tire guère du canon pour un homme seul.

❧

Pour bien assurer le Scaphandre sur le corps, nous venons de dire qu'en faisant usage de la Suspensoire, il falloit qu'elle pressât fortement le siége, de peur qu'en permettant à ce corselet de trop remonter vers

les

les aisselles & le cou, il ne gênât
aussi trop & les bras & la gorge.

Mais ce précepte doit être un peu
modifié ; c'est-à-dire, que cette pièce
doit être tenue un peu lâche, lorsqu'on se proposera de marcher,
à flot, moyennant le pantalon à
étriers, dont nous allons parler.

Description du Pantalon à étriers,
avec lequel on peut marcher, à flot,
très-avantageusement, dans les eaux
les plus profondes, & même les plus
rapides.

Ce Pantalon est une grande culotte (fig. 1, pl. III.), qui descend
depuis la ceinture jusqu'aux pieds :
elle se termine en bas, de chaque
côté, par un étrier BCD, fixe par
un bout, & libre dans tout le reste,

H

pour s'accommoder à toutes les grandeurs. Quand on veut s'en ſervir, on le paſſe ſous la ſemelle des ſouliers, près du talon, & on l'attache aux boutons *s*, *x*, *y*, placés vers l'extrêmité inférieure externe de la jambe, où le Pantalon eſt fendu, comme le bas des culottes ordinaires. L'extrêmité libre de cet étrier eſt terminée par un cordon L M, que l'on peut nouer, en roſette, avec un autre R P, placé au-deſſous de la boucle, dans laquelle s'engage le bout de la courroie, dont on ſe ſert, pour attacher bien ferme le Pantalon au Scaphandre, quand il eſt queſtion de marcher, à flot, dans les eaux où l'on manœuvre; ainſi qu'on le verra plus bas, à l'endroit où l'on explique *comment on peut marcher*, &c.

Cette culotte doit être faite d'une toile affez forte, pour réfister aux tiraillemens, auxquels elle fera expofée dans l'ufage, & affez large d'en bas, afin que le pied puiffe y paffer & y repaffer avec liberté : on n'y mettra pourtant que la largeur néceffaire, de peur que l'étoffe, en préfentant à l'eau trop de furface, ne caufât auffi une trop grande réfiftance dans le marcher.

On ne manquera pas, non plus, fi la toile en eft neuve ou écrue, de la faire bien tremper dans l'eau, avant de l'employer ; autrement, il y auroit du mécompte, à caufe du retirement, auquel elle eft fujette en cet état.

✢

Pour peu qu'on ait befoin d'armes à feu, en manœuvrant, à flot, avec

H ij

un Scaphandre, il faut les recharger ; un coup de fuſil ou de piſtolet eſt bientôt tiré. Si les munitions ne ſont pas conſervées bien ſèches, on ne remplira point ſes vues : une ſebile ou une petite nacelle, bien leſtée, ne ſeroit bonne que dans un tems calme. En plaçant, ſur la tête, le dépôt des proviſions de bouche ou de guerre, elles ſont hors des atteintes de l'eau, & ne peuvent être avariées. Nous avons donc choiſi, pour cela, le moyen que nous offroit un bonnet ou un caſque.

Deſcription d'un Bonnet , pour ſervir de dépôt aux munitions de toute eſpèce.

La conſtruction en eſt fort ſimple. Le corps ou la partie , dans laquelle la tête s'enfonce, reſſemble à un Bonnet quarré, où deux pans oppoſés ſont rompus, du haut en bas, dans leur milieu, afin de pouvoir le plier en porte-feuille, pour la commodité du tranſport. La partie ſupérieure ſe termine en *bourſe à jetons*; elle s'ouvre & ſe ferme de même. Voyez les bonnets M, T, des fig. 1 & 2 de la pl. IV.

Dans le fond de cette bourſe, qui n'eſt qu'en toile, on introduit, pour l'uſage, un carton circulaire, afin de mieux tenir le bonnet ouvert, & de donner aux munitions que l'on y ſerre, une baſe qui les ſoutienne, en même tems qu'elle défend la tête. On ôte le carton circulaire, après avoir fait uſage du Bonnet; j'en ai toujours fait conſtruire le corps avec du carton fort léger, revêtu d'une étoffe & doublé d'une toile noires. Enfin, vers le bas du Bonnet, du côté des oreilles, font deux cordons, que l'on peut paffer autour du col, & nouer fous le menton, pour bien affurer les munitions fur la tête, & en mieux prévenir le renverfement (pl. IV, fig. 1 & 2.).

Des Nageoires.

J'avois encore eu l'idée, & j'ai fait ufage, affez long-tems, de Nageoires, en forme de Pattes d'oie, pour aider la progreffion, à flot; mais je ne m'en fers plus, depuis que j'ai imaginé le moyen d'y marcher : d'ailleurs s'en défaire & s'effuyer étoient un travail & du tems perdus, lorfque l'on avoit à faire

des manœuvres, que l'on craignoit
d'avarier.

Au reste, ces Pattes d'oie consis-
toient uniquement en une paire de
gants de fil. Après les avoir gantés,
bien étendu la main, & écarté les
doigts, autant qu'il étoit possible,
je les avois fait couvrir d'étoffe,
en dessus & en dessous, jusqu'aux
poignets : le contour de cette toile
avoit été taillé sur celui des extrêmités ou des bords les plus externes
de la main & des doigts ; le tout
retenu, assemblé & cousu, suivant
l'art. Voyez fig. 4, pl. III.

Par ce moyen, la toile remplis-
soit les intervalles entre les doigts,
& faisoit la fonction des membra-
nes, placées, par la nature, entre
les côtes, les nervures ou les doigts,
que l'on voit aux Pattes des oiseaux

H iv

aquatiques. On fçait que ces mem-
branes s'étendent, & forment une
efpèce de voile bien déployée,
quand ces animaux refoulent l'eau,
pour fe porter en avant, & qu'elles
fe pliffent, dans le tems même du
tranfport; afin d'oppofer moins de
réfiftance à la réaction de l'eau qui
les pouffe; méchanifme que je re-
trouvois dans mes Nageoires, pour
la conftruction defquelles je n'avois
eu d'autre maître, que Dieu ou la
nature, l'ouvrage de fes mains (1).

---

(1) Je confeille fort à ceux qui veulent
s'appliquer aux Méchaniques, inventer &
conftruire des machines, d'étudier fingu-
lièrement l'Horlogerie, &, par-deffus tout,
l'Anatomie de toute efpèce. Ils y trouveront des modèles en tout genre, qui abré-
geront merveilleufement la marche fi lente
de l'invention humaine.

Essai du Scaphandre, ou manière d'essayer un Scaphandre, la première fois que l'on veut en faire usage.

Cela ne doit point se faire, ou cela se feroit assez mal par ceux qui sçavent nager ; ils ne le regarderoient que comme un obstacle à la liberté de leurs mouvemens : ne se proposant, quand ils se mettent à la nage, d'autre but que de s'amuser, la nudité, qui les débarrasse de tous les liens, leur est bien plus favorable pour cet éxercice ou cette espèce de jeu.

D'un autre côté, quand on sçait nager, on est toujours tenté de faire usage de cet art, pour se soutenir à flot, & l'on pourroit mettre, sur le compte de son industrie, ce qui doit être uniquement le produit du Scaphandre.

Nous nous sommes proposé d'autres vues, bien plus solides & plus sérieuses qu'un simple éxercice. Cela n'y est entré, pour ainsi dire, qu'accidentellement ; en y ajoutant néanmoins l'inestimable avantage d'en avoir tout le plaisir, sans aucune crainte de ses inconvéniens, que l'on ne peut pas dire être assez rares, pour que l'on ne doive y avoir aucun égard ; puisque l'expérience démontre, tous les ans, à Paris, qu'il y a plusieurs douzaines de jeunes gens, bons nageurs, qui perdent la vie à ce jeu.

Mais tous les usages de ce corselet seront détaillés dans un chapitre particulier. Il nous suffira de montrer ici comment un homme, qui ne sçait point du tout nager, & même qui auroit peur de l'eau, peut, en toute sûreté, s'y mettre à flot, la première fois qu'il y entrera, revêtu du Scaphandre.

Il ne faut pas perdre de vue, que la vraie poſition, dans l'eau, à laquelle j'ai tendu, eſt la verticale ; c'eſt-à-dire, qu'étant à flot, plongé juſques vers la région des mamelles, on doit être parfaitement debout, & par conſéquent dans une attitude, qui a le triple avantage d'éloigner conſidérablement, de la ſurface de l'eau, les organes externes de la reſpiration, de permettre aux bras l'éxécution facile de toutes ſortes de manœuvres, & d'avoir ou de conſerver, à la nage, la même diſpoſition qu'en marchant ſur la terre.

Cela bien confidéré, il faudra préalablement fe pourvoir d'un petit habit de bain, compofé d'une vefte ou d'un gilet, d'un caleçon ou d'une petite culotté légère, à laquelle tiendront des bas de fil, pour fe paffer de jarretières, qui gêneroient les mouvemens des cuiffes ou des jambes, & enfin de fouliers à talon, avec des cordons au lieu de boucles; le cuir, s'avachiffant dans l'eau, feroit infailliblement quitter prife aux ardillons, & expoferoit le nageur à la perte de fes fouliers comme de fes boucles. Quand nous en ferons à l'art de marcher, à flot, dans les eaux les plus profondes, on verra la néceffité des talons.

En laiffant là, pour cette première épreuve, le pantalon à étriers mobiles, [qui n'eft bon que pour marcher, fi l'on veut, quand on eft à flot (1)], on endoffera fimplement le Scaphandre, ayant foin de le mettre bien éxactement autant d'un côté que de l'autre : on en nouera les cordons du devant, pour l'affurer ; puis, paffant entre fes jambes & fes cuiffes la queue ou la fufpenfoire pendante CD, (fig. 1, pl. IV.) & la retrouffant tout-à-fait, on l'appliquera fur la poitrine comme un Plaftron, pour l'y bien affujettir, au moyen des boucles *r*, *s*, ou des cordons, que l'on voit attachés fur le haut de la partie antérieure du Scaphandre, vers les épaules ; de manière que l'on fente fes feffes bien preffées de bas en haut.

______

(1) On peut auffi y marcher fans pantalon ; mais moins commodément, c'eft-à-dire, plus laborieufement & moins vîte.

Moyennant cette simple disposition, qui ne dure pas une minute,
on est en état de se mettre à l'eau.
Tout le reste de l'appareil n'est bon
que pour y marcher, ou pour y
faire des manœuvres recherchées,
comme nous l'avons dit ci-dessus.

Avec l'accoutrement, dont je
viens de parler, il seroit mieux de
commencer l'essai dans une eau
dormante, comme un étang; mais,
si c'est dans une rivière, ou dans un
petit coin de mer, à flux & à reflux, & que l'on n'ait pas une entière
confiance en cet habit, on se pourvoira d'un Batelet & d'un Batelier,
qui se tiendront quelques toises au-
dessous de l'essayeur, que je suppose
absolument ne pas sçavoir nager. La
précaution de se pourvoir d'un Batelet est pourtant assez inutile, si ce

n'eſt pour raſſurer un peu l'imagination.

L'eſſayeur partira donc de la rive
ou du rivage, où il aura choiſi un
endroit, guéable dans l'eſpace de
quelques toiſes ; &, lorſqu'il ſe
ſentira près d'être à flot, en AB,
il pliera les jambes, comme on le
voit en expérience dans la fig. 2,
pl. IV ; alors ſon corps, deſcendant
ſur le champ & plongeant juſqu'en
CD, il ſe trouvera à flot, bien
droit (cet habit devant donner,
par ſa conſtruction, un parfait équilibre), & tout prêt à reprendre
terre, à volonté ; puiſque j'ai ſup-
poſé qu'il ne l'avoit perdue qu'en
pliant les jambes. En répétant cette
petite manœuvre, pendant quelques minutes, il ſe trouvera aguerri
en moins d'un quart d'heure ; mais

beaucoup plus commodément &
plus fûrement dans une eau tranquille, comme dans un grand baffin
d'eau, une mare, ou un étang affez
profonds. Quatre à cinq pieds de
profondeur fuffiroient.

C'eft ainfi que je me fuis comporté
moi-même, qui ne fçais pas plus
nager qu'un boulet de canon, &,
dès la première fois, je traverfai la
Seine, au-deffus & tout proche de
Paris, dans un efpace affez confidérable. Il faut fur-tout que l'effayeur ne perde pas la tête, &
n'aille pas déranger l'effet du Scaphandre par fes inquiétudes.

Quand il fe fentira bien affuré, à
flot, dans la pofition verticale, que
le Scaphandre doit donner parfaitement; alors, par un fimple élans,
imprimé à fon corps fur fon axe, il
tournera,

tournera, à volonté, à droite ou à gauche, tout autour de lui-même, fans aucune action des pieds, ni des mains.

Ce premier mouvement de la volonté, lui donnant quelqu'affurance, il pourra fe mettre fur le dos, où l'habit tend à le porter de lui-même, comme on l'expliquera plus bas, & s'étendant parfaitement fur la furface des eaux, de manière que l'on puiffe voir la pointe de fes fouliers, il croifera les bras fur la poitrine, & reftera comme immobile dans une eau dormante, ou fe laiffera aller au courant, fi c'eft une rivière ou une mer à flux & à reflux.

Par la pofition verticale, l'effayeur a pu juger, étant à flot, s'il étoit plus porté en avant qu'en

arrière, & plus à droite qu'à gauche;
dans celle-ci, où il est bien étendu
sur le dos, il examinera, si, en langage de marine, il ne tend pas à
rouler, c'est-à-dire, s'il ne panche
pas, tantôt d'un côté & tantôt de
l'autre ; car toutes ces observations
concourent à faire bien juger du
bon ou du mauvais équilibre de ce
corselet.

De la position sur le dos, pour
revenir à la verticale, il relèvera,
par la simple action de sa volonté,
la partie supérieure de son corps sur
l'inférieure, en lui faisant faire un
pli vers la région du bassin ou des
hanches ; alors l'inférieure, devenue
la plus pesante, par la construction
de cet habit, comme on l'a dit tant
de fois, se portera d'elle-même vers
le fond, & remettra le corps debout

ou perpendiculaire à l'eau, à la manière des fyrênes de la Fable.

Remarquez qu'indépendamment
d'autres inconvéniens, dont j'ai
parlé, fi le Scaphandre defcendoit
plus bas que vers le milieu des hanches, la partie fupérieure du corps
ne pourroit fe replier ainfi fur l'inférieure ; l'articulation du fémur
avec le baffin (laquelle feule donne
lieu à ce pli) fe trouvant alors comme
engaînée, dans la partie inférieure
du Scaphandre, auroit par-là tout
fon mouvement intercepté, & ne
laifferoit d'autre reffource à l'effayeur que de fe retourner fur le
ventre, pour ramener fous lui les
jambes & les cuiffes, lefquelles,
fervant de Left à toute la machine,
tendent conftamment à lui donner
une pofition perpendiculaire à l'eau.

I ij

La confiance s'établissant de plus
en plus, l'essayeur étendant les
mains, serrera bien les doigts les
uns contre les autres, &, fendant
l'eau de leur tranchant, il la refou-
lera avec les deux Paumes; ce qui
le fera avancer tout debout, de
même que les nageurs ordinaires
avancent sur le ventre : il peut
même aider un peu à sa progreſſion,
en y ajoutant les mouvemens du
marcher (1).

---

(1) Sans chauſſer le pantalon à étriers,
dont on va parler, il n'eſt pas impoſſible
de marcher un peu (à la vérité très-lente-
ment & avec beaucoup de peine), lorſque
tout debout on eſt à flot; car, quoique
l'eau fuye ſous les pieds, qui la foulent
bruſquement, elle leur oppoſe pourtant
quelque réſiſtance, lorſqu'ils la frappent
plus vîte qu'elle ne fuit, & leur fournit

L'ART DE MARCHER, A FLOT, *tout debout, au milieu des eaux les plus profondes, le corps plongé jusque vers la région des mamelles.*

Lorsque l'Académie des Sciences me fit l'honneur, en 1765, d'approuver la construction & les effets de mon Scaphandre, Messieurs de Mairan & Nolet, Commissaires nommés pour lui en faire le rapport, n'y firent point mention de *l'art de marcher, tout debout, à la nage,* que j'eus le bonheur de trouver plus de quatre ans après.

---

par conséquent un point d'appui très-léger, ou plutôt très-fugitif, dont l'effet est un peu augmenté, par la réaction des eaux postérieures, contre les cuisses & les jambes, qui se débandent sur elles.

Ils virent bien qu'en me tenant à flot, tout le corps perpendiculairement à l'eau, dont les bras étoient parfaitement dégagés, je pouvois y éxécuter facilement un grand nombre de manœuvres, & qu'au moyen de Nageoires, en forme de Pattes d'oie, la progreſſion s'y faiſoit aſſez commodément ; mais, quand les mains & les bras étoient occupés par des ſubſtances, qu'il falloit tenir ſèches, il n'y avoit preſque plus moyen d'avancer; je reſtois flottant au-deſſus des eaux, comme un bouchon de Liége.

Il eſt vrai qu'en frappant l'eau, avec les pieds, plus vîte qu'elle ne pouvoit fuir, & donnant à mon corps un élans, en vertu de ma volonté, je faiſois quelques progrès en avant ; mais il étoit fort lent &

très-fatiguant : car, outre que l'eau fuyoit fort vîte sous les plantes des pieds, le corps en étoit fortement repoussé ; plongé jusqu'aux mamelles, il lui offroit un volume beaucoup plus considérable, moins lisse ou moins uni, que les nageurs ordinaires, dont le corps est absolument nud, & que, d'un autre côté, les pieds ne lui présentoient pas le tranchant de leurs plantes, comme font les mains, lorsqu'après l'avoir refoulée avec les paumes, il s'agit, pour avancer, d'opposer moins d'obstacle en avant qu'en arrière.

Mon état devenoit donc assez embarrassant, lorsque je me trouvois, à flot, au milieu d'une rivière, les mains chargées de manœuvres, que j'avois intérêt de tenir sèches.

Si, au lieu de sentir l'eau fuir

fous mes pieds, j'y avois trouvé des points fixes ou folides, je me ferois appuyé deffus, pour m'élancer en avant, comme dans le marcher fur la terre : or, c'eft une recherche, à laquelle je m'appliquai très-férieufement. Après bien des fauffes tentatives, il me tomba dans l'efprit le moyen que je vais décrire, moyen, dont la fimplicité & le fuccès m'ont difpenfé d'en chercher d'autres.

Le Scaphandre eft retenu, ferme fur le corps, par une longue & large Sufpenfoire A C D (fig. 2, pl. III.), laquelle, pendante de l'extrêmité poftérieure de ce corfelet, comme on le voit en CD (fig. 1, pl. IV.), fe paffe entre les cuiffes, pour venir s'appliquer, en forme de plaftron, fur toute la poitrine, où elle s'attache, moyennant des cordons ou des boucles ; de manière que le siége ou la partie inférieure du bassin en soit fortement preffée.

Quand on vient à flot, dans cette difpofition de l'habit, il eft repouffé, par l'eau, vers les parties fupérieures ; cette action fe porte principalement, & fe fait très-bien fentir au fiége, portant lui-même fur la Sufpenfoire, qui empêche ce corfelet de remonter vers les bras ; &, quoique l'on paroiffe, & que l'on foit effectivement debout, flottant au milieu des eaux, on y eft réellement affis ; c'eft-à-dire, que l'on y fent la même preffion qu'étant affis fur un fiége.

Lorfqu'on eft ainfi à flot, les points d'appui font donc principalement fur les os Ifchion & Pubis,

ou plus immédiatement fur les mufcles qui les recouvrent. Alors, fi le
Baffin, dont ils font partie, pouvoit
faire la fonction des pieds, des
jambes & des cuiffes, l'homme,
tenu debout, à flot, par le Scaphandre, y marcheroit fans autre
appareil ; puifqu'il y trouveroit des
points fixes, fur lefquels il s'ap-
puieroit, pour fe porter en avant,
par l'action de fa volonté ; mais, la
conformation du baffin ne le permettant pas, on ne peut, à cet égard,
que s'y remuer, comme un cul de
jatte, fans mains, dont les effets,
pour la progreffion, font très-pé-
nibles & très-peu de chofe.

Par conféquent, fi le Scaphandre,
repouffé par l'eau, au lieu de porter
fon action, moyennant la Sufpenfoire, fur les os ifchion & pubis,

ou fur les feffes, la portoit fur les plantes des pieds, ils trouveroient, dans l'eau, des points d'appui fixes, dont ils fe ferviroient pour y marcher, comme en terre ferme.

Pour faire paffer des os ifchion & pubis, aux plantes des pieds, l'action de l'eau, qui repouffe, vers fa furface, le Scaphandre à flot, je me fis faire un Pantalon (fig. 1, pl. III.), c'eft-à-dire, une culotte ou un caleçon tout d'une pièce avec les bas, terminé par un étrier, comme la partie d'une guètre, qui s'engage fous la femelle des fouliers; excepté que, dans ce cas-ci, l'étrier n'eft fixe que d'un côté, pour venir s'attacher à des boutons de l'autre; afin de convenir à toutes fortes de grandeurs, ou que l'on puiffe, felon le befoin, l'allonger ou le raccourcir.

Sur la partie latérale externe, qui recouvre la cuisse, est attachée, de chaque côté, une boucle T, dans laquelle vient s'engager, pour l'usage, une Attache, qui pend latéralement de l'extrêmité inférieure du Scaphandre.

Quand on se propose de marcher à flot, on commence par chausser cette espèce de caleçon, ensuite des souliers, avec des cordons au lieu de boucles, & sous les semelles, près du talon, on passe les étriers, lesquels, par ce moyen, ne peuvent échapper, & que l'on assure bien, d'un autre côté, moyennant des boutons & des cordons.

Dès que cet arrangement est fini, on endosse le Scaphandre, & on en noue les cordons antérieurs ; après quoi la longue & large Suspensoire,

dont je viens de parler, ſe paſſe
entre les cuiſſes, & ſe retrouſſe,
pour venir s'attacher ſur la poitrine,
ainſi que je l'ai dit ; de façon pourtant qu'en ce cas-ci, elle y tienne
d'une manière lâche, ou tellement
que le ſiége n'en ſoit point preſſé ;
afin que le Scaphandre, dont les
entournures ſont fort échancrées,
puiſſe avoir, à flot, un petit mouvement d'ondulation, de bas en
haut & de haut en bas.

Lorſqu'on ſera près de ſe porter
à l'eau, on paſſera les Attaches inférieures latérales du Scaphandre
dans les boucles du pantalon, & on
les y arrêtera d'abord d'une manière
aſſez lâche, afin de pouvoir marcher commodément, avant d'être
à flot.

En cet état, au moment qu'étant

entré dans l'eau, le Scaphandre commencera à se soulever, ou à être porté vers les parties supérieures, sans que l'essayeur perde terre (ce qui peut arriver, à cause de la profondeur des échancrures ou des entournures de cet habit, & qu'il n'est plus retenu ferme par la Suspensoire); les attaches latérales des extrêmités inférieures du corselet seront tirées fortement & également sur les boucles du pantalon; jusqu'à ce que les étriers, serrant de fort près les plantes des pieds, mettent les deux jambes dans une fléxion commencée; ce qui est nécessaire, afin qu'en étendant les jambes par la volonté, le Scaphandre puisse faire un nouvel effort contre l'eau, dont il soit renvoyé avec avantage. Alors, sitôt que l'on sera à flot, le

Scaphandre, repouſſé par l'eau vers les parties ſupérieures, ne preſſera plus le ſiége ou les feſſes, comme ci-devant ; il tirera uniquement ſur le pantalon, & le pantalon ſur les étriers, qui agiront contre les plan-tes des pieds, auxquels ils donneront des points fixes : preſſant donc, avec l'un d'eux, ſur l'étrier correſpon-dant, cette nouvelle action de la volonté fera enfoncer le corſelet un peu plus, ou, au moins, tendra à l'enfoncer, & cela doit être ; puiſ-que nous lui avons permis un petit mouvement alternatif de bas en haut & de haut en bas ; mais l'eau réſiſtera à l'immerſion de cet habit, plus léger qu'elle, par la ſuppoſition : ce pied trouvera donc une très-forte réſiſtance, ſur laquelle il s'appuiera, pour permettre au corps de s'élancer en avant, par l'action de la volonté, & pour faire, avec l'autre pied, ce qu'il vient d'éxécuter, comme dans le marcher ordinaire fur la terre ferme.

Que l'on répète alternativement cette petite manœuvre, & l'on verra que l'on marchera, à flot, dans les eaux les plus profondes, à peu près, comme fur un plan folide; avec cette différence néanmoins que l'eau, réfiftant à fa divifion, environ huit cents fois plus que l'air, la progreffion, à flot, fera beaucoup plus laborieufe & beaucoup plus lente: mais l'art de marcher eft parfaitement le même, dans l'un & l'autre cas.

Récapitulation.

En peu de mots, regardons l'étrier, où le pied s'engage, comme attaché

attaché à une corde qui tient au Scaphandre ; le pied appuie fur l'é-trier, l'étrier tire la corde, la corde tire le Scaphandre, le Scaphandre eſt immédiatement repouſſé par l'eau, qui ne peut fuir fous lui ; donc le pied en eſt auſſi repouſſé : puis donc qu'il trouve, au fein des eaux, une eſpèce de point fixe perpétuel, il peut s'en fervir pour marcher, comme il fait fur la terre. C. Q. F. T. & D.

Remarque.

Obſervons bien que l'appareil du Pantalon, pour marcher à flot, fe-roit fort préjudiciable dans un dan-ger preſſant, où l'on feroit menacé d'un naufrage ; cela demanderoit trop de tems pour l'ajuſter. Il faut, en pareil cas, la plus grande expé-dition, & fe borner au Scaphandre,

K

que l'on peut endoſſer, & aſſurer ſur ſon corps, avec la ſuſpenſoire, en une demi-minute. On ſe ſervira alors des paumes des mains, pour avancer, comme font les nageurs ordinaires. On pourra aider un peu cette action des mains par le marcher naturel, dont on obtiendra l'effet, en foulant l'eau plus vîte qu'elle ne pourra fuir. Quant aux momens plus tranquilles, où l'on a le tems à ſoi, l'uſage du Pantalon, pour marcher à flot, eſt fort agréable, & même très-utile, dans je ne ſçais combien de circonſtances, où les mains oc-cupées ne peuvent ſervir à la pro-greſſion.

Un moyen pourtant de n'être ja-mais ſurpris, dans un vaiſſeau, ſans le Pantalon à étriers, ſeroit de l'a-voir toujours ſur ſoi, en tout tems, comme on y a de grandes & larges culottes.

Pourquoi la partie antérieure du Scaphandre est plus garnie de Liége que la postérieure.

Indépendamment de la construction interne (1) du corps de l'homme,

---

(1) Si on divisoit en deux parties égales l'épaisseur des animaux, par un plan passant de la tête à la queue, on verroit que la partie postérieure de leur corps est, ainsi que dans l'homme, beaucoup plus pesante que l'antérieure, & qu'ainsi, sans l'intervention de la volonté, tous les animaux nageants seroient portés sur le dos. La raison s'en tire de l'épine ou de la colonne vertébrale, & des côtes, qui sont bien plus postérieurement qu'antérieurement. Or, ces parties osseuses sont beaucoup plus pesantes que les antérieures, où il y a plus

K ij

sa partie antérieure étant plus ronde que la postérieure, a aussi plus de surface ; elle est donc plus garnie de Liége, dont elle reçoit encore un surcroît, de la part du plastron, qui vient s'y appliquer ; & par conséquent elle est plus légère. Ainsi, par cette double cause, on tend, dans le nager, à se mettre sur le dos.

Mais, comme la partie supérieure du corps peut se mouvoir naturellement sur l'inférieure, moyennant

de cartilages & plus de vaisseaux aëriens. C'est pourquoi les poissons morts se voyent surnageans sur le dos ou sur le côté. Mais à quelle fin donc nagent-ils sur le ventre étant en vie ? C'est que le dos, plus robuste, défend aussi plus avantageusement les parties molles antérieures, où se trouvent principalement les organes importans de la respiration, de la digestion, de la nutrition & de la réproduction.

l'articulation mobile du fémur fur le baffin, ou du baffin fur le fémur, il eft facile de la ramener en avant, prefque fans effort ; & , quand il faut manœuvrer, à la nage (ce qui eft le principal but, auquel on a tendu par cet habit), cette conf-truction eft d'un excellent ufage ; car alors on eft forcé de porter en avant les bras & les mains, avec ce qu'elles peuvent tenir ; & cet allon-gement de leviers feroit infaillible-ment donner du nez dans l'eau, fi le corps n'étoit pas contrebalancé par la tendance en arrière, dont je viens de parler. Voilà pourquoi on peut, tout à la nage, tenir affez long-tems le fufil en joue, en tour-nant & retournant autour de foi-même, fans retirer, que très-peu, le corps en arrière.

K iij

Conservation du Scaphandre.

Lorsqu'on en aura fait usage pour nager, si c'est dans une eau sale, ou dans l'eau de la mer (1), il faudra le faire tremper quelque tems dans de l'eau claire & douce; le laisser ensuite sécher parfaitement ; à moins qu'on ne voulût s'en servir le lendemain, & le serrer bien roulé, ou plutôt pièce sur pièce, dans une caisse à serrure & à clef.

(1) Les toiles, imbibées d'eau de mer, s'imprègnent, en même temps, dés sels & des autres substances qu'elle contient ; cela leur donne une mauvaise odeur, les gâte & les ronge. L'eau douce délaye, dissout & emporte toutes ces matières étrangères & nuisibles. Il faut donc les y laisser tremper quelques heures, afin que le mélange en soit plus complet.

en lieu fec & fûr, & bien défendu
contre les dents des rats & des
fouris.

Ufage du Bonnet.

On voit affez qu'il peut contenir,
fans avaries ni renverfement, les
provifions de bouche & de guerre,
dont on croira avoir befoin. Elles
porteront fur un carton circulaire,
introduit & placé horizontalement,
dans le bas de la partie fupérieure
de ce bonnet, pour le bien main-
tenir & lui fervir de fond. Cette
partie fupérieure pouvant s'ouvrir
& fe fermer comme une bourfe,
rien n'en peut fortir qu'à volonté.
Dès que l'on ne voudra plus faire
ufage de ce bonnet; après en avoir
ôté le carton circulaire, on le pliera

en porte-feuille, afin d'être ferré
ou tranfporté plus commodément.

❧

Nous venons d'apprendre l'art
d'effayer, en toute fûreté, un
Scaphandre, dont nous fçavons la
conftruction; voyons à préfent les
différens ufages, auxquels il eft ou
il peut être propre.

Différens ufages du Scaphandre.

Le dénombrement, dans lequel
nous allons entrer, ou l'application
que nous allons faire de cet habit
aux différens befoins des hommes
en fociété ou fauvages, fera, peut-
être, mieux fentir, que tout ce que
nous avons dit jufqu'à préfent, le
vrai prix de cette invention.

On a défini l'homme un *animal*

raisonnable ; c'en est un très-certainement imitateur par excellence. Les enfans, & beaucoup d'hommes faits, imitent, sans raison, des opérations de jeu assez fines, des mouvemens de danse, des sons ou des chants bien cadencés. Tout ce que nous connoissons d'autres animaux n'en approche point. Le singe n'est qu'un fou, il manque des mains au chien, l'éléphant est trop lourd, &c.

L'homme seul devient, en quelque sorte, par l'imitation, le tableau de tout ce qui respire. Il rampe sur le ventre, comme les reptiles ; il marche à quatre pattes, comme les quadrupèdes ; il nage, comme les poissons (1) ; & je ne

____

(1) Si l'homme, totalement plongé dans les eaux, pouvoit y retenir son haleine

doute aucunement qu'il ne volât comme les oiseaux, si l'art d'y parvenir entroit dans les vues de la société (1) aussi bien que celui du Nager.

---

assez long-tems & y prendre ses repas, il me paroît évident qu'à force d'art, il parviendroit à nager beaucoup mieux que les Poissons. La construction d'un nid n'est pour lui qu'une bagatelle, & d'un coup de filet, il prendroit plus d'insectes, en une seconde, qu'une hirondelle dans toute une journée. Les Reptiles ne lui opposent que des ruses & des résistances frivoles ; toute la force & la fureur des plus terribles quadrupèdes viennent se soumettre & s'anéantir dans les piéges d'un lourdaut. Voyez ce que devient la Baleine, ce triple éléphant des mers, sous le petit fer d'un rustre, qui, sautant de corde en corde, n'offre tout au plus que l'image d'un Rat.

(1) On a proposé, avec succès, des ré-

Ainſi, la naiſſance de ce dernier art, comme de tant d'autres, étant

---

compenſes pour la découverte des longitudes en mer; ſi on en propoſoit pour inventer un art de voler comme les oiſeaux, j'oſe avancer qu'il ſeroit bientôt trouvé. On en a déja vu quelques eſſais, où l'on ne faiſoit agir que les bras & les omoplates. Si on s'aviſoit, par des poulies de renvoi, de tirer le mouvement des aîles de celui des pieds & des jambes, accoutumés à ſoutenir le travail, plus ſouvent & plus long-tems, on parviendroit, ſans doute, à nager dans l'air comme on nage dans les eaux; car les oiſeaux, plus peſans qu'un pareil voulume d'air, ne s'y ſoutiennent & n'y avancent qu'en frappant deſſus avec leurs aîles, comme on frappe ſur l'eau, avec des rames, pour s'y ſoutenir & y nager.

Mais il me paroît que l'uſage de cet art entraîneroit plus d'inconvéniens que d'avantages. Comment défendre alors les moiſ-

due au plaiſir de l'imitation, le premier uſage de notre Scaphandre ſera :

Pour l'amuſement de l'un & de l'autre sèxe.

Chez les Peuples civiliſés, les mœurs publiques ne permettent qu'aux hommes de ſe livrer, tout nuds, au plaiſir ou à l'éxercice du Nager. Il eſt abſolument interdit aux femmes, pour leſquelles l'amuſement eſt un très-grand beſoin, & l'oiſiveté un très-grand mal.

Cette entrave, donnée à leur li-

ſons & les produits des jardins contre la rapacité dès voleurs ? Je conviens qu'on pourroit leur en oppoſer d'autres ; mais, avant d'y parvenir, il y auroit bien du dégât & des meurtres.

berté naturelle, difparoît abfolument au moyen du Scaphandre. Comme il éxige un habit de bain complet, dont on peut être revêtu fous fes habits ordinaires, avant de fe préfenter publiquement à l'eau, la pudeur ne court aucun rifque. Pour peu même qu'on fe rappelle la manière, dont ce corfelet eft retenu fur le corps, on verra que cette précieufe qualité, qui embellit fi merveilleufement le fèxe, eft mieux affurée ou mieux défendue que fous toute autre forme.

Il y a encore ici quelque chofe de plus pour elles. On n'enfonce dans l'eau, avec le Scaphandre, que jufqu'aux mamelles, en s'y tenant debout, comme on fe tient, ou comme on marche fur la terre ferme; c'eft pourquoi la tête des

femmes peut rester aussi bien parée,
en prenant ou en quittant l'exercice
public du Nager, qu'au sortir de
leur toilette.

Mais, si cet habit à nager, tout
debout, sans l'avoir jamais appris,
met si bien à couvert, publiquement, la pudeur, la décence & la
parure des femmes, il pourvoit
encore mieux à leur sûreté dans
l'eau ; il les met, comme les hommes, dans l'impossibilité d'être
noyées, même quand elles le vou-
droient (1).

____

(1) Je me garderai bien d'enseigner l'art
détestable de s'ôter la vie subitement ; le
désespoir n'en fournit que trop de moyens ;
mais il est certain que, pour peu qu'il y
ait de la difficulté, pour peu que le supplice
en soit durable, la nature tend si puissam-
ment à sa conservation, qu'elle cède m-

Les nageurs ordinaires font particulièrement occupés de leur confervation ; ils font en danger perpétuel de couler à fond, s'ils ne frappent pas continuellement l'eau, pour fe tenir ou être renvoyés à fa furface ; des plantes aquatiques, qui lieroient leurs jambes, une crampe, un épuifement de forces, &c. peuvent leur ôter la vie, fans aucune reffource, quand les fecours ne font point à portée. Le plaifir fait, à la vérité, difparoître tous ces inconvéniens ; ils n'en font pas

---

failliblement à l'avis, que lui en donne une violente douleur, continuée feulement pendant quelques fecondes. Voilà pourquoi le Scaphandre, qui rend l'immerfion, au-delà des mamelles, fi difficile, pourvoit très-puiffamment aux funeftes effets du défefpoir.

moins réels ; on n'en voit que trop souvent des victimes.

Rien de tout cela n'est à craindre avec le Scaphandre. Quand une fois on est à flot, s'il survient quelqu'obstacle, on peut se plier & se replier en tout sens, écarter ou arracher ce qui est nuisible, redonner aux parties, attaquées de la crampe, leur mouvement ou leur action, en les frottant & les tiraillant, pour y rappeller ou y ranimer les esprits, & tout cela fort à son aise, quoiqu'à la nage ; puisqu'on a remis absolument tout le soin de sa conservation, dans l'eau, au Scaphandre, qui y soutient le corps à flot, sans pouvoir lui permettre d'être submergé.

L'épuisement des forces n'est pas plus à craindre, quand on prend

l'exercice

l'éxercice du nager avec le Scaphandre ; car, moyennant ce corfelet, on ralentit ou l'on arrête, à
volonté, tous fes mouvemens ; on
refte immobile, fi l'on veut, les
bras croifés, où l'on fe laiffe aller
au courant, jufqu'à ce que l'on ait
repris affez de force, pour regagner
la rive ou le rivage, auffi lentement
que l'on voudra.

2°. Pour la fanté des hommes & des
femmes.

L'éxercice modéré contribue fin-
gulièrement à conferver ou à rétablir la fanté : on fçait que des
eftomachs délabrés peuvent fe re-
faire par des bains froids ; les
voyages, les diftractions, le renou-
vellement perpétuel de l'air, font

L

très-salubres aux personnes vapo-
reuses, mélancoliques, hypocon-
driaques, &c. avec un Scaphandre
on a tous ces remèdes sous la main;
on peut même se les administrer,
tous à la fois, sans presqu'aucune
dépense.

Remontez les bords d'une rivière,
dans l'espace de quelques lieues;
prenez le Scaphandre, & mettez-
vous à l'eau pour revenir. Voilà de
l'éxercice de plus d'une espèce; un
bain d'eau froide, pendant plusieurs
heures, si vous voulez; des distrac-
tions perpétuelles, par la variété
des objets, que vous présentent les
campagnes voisines, en suivant simplement, sans effort & sans aucune
sorte d'inquiétude, le courant qui
vous entraîne; vous voyagez évidemment, & l'air toujours se re-
nouvelle.

Le plaisir est une des meilleures recettes. Formez-vous une société de *Scaphandriers* (1), qui sçachent jouer de quelques instrumens ; ayez une table de Liége bien lestée, & à bords assez relevés ; après l'avoir mise à l'eau, chargez-la de comestibles, secs & liquides, à votre choix, avec des violons, des haut-bois, des fifres, des tambourins, &c. & vous serez perpétuellement accompagné d'une cantine & d'un orchestre, dont le transport ne vous coûtera rien.

Tout en cheminant, à la nage, vous irez là boire & manger, comme dans votre appartement ; &, quand

---

(1) C'est le nom que je donne à ceux qui sont revêtus, & qui font un usage actuel du Scaphandre. Un art nouveau éxige absolument de nouveaux termes.

le ſpectacle de la rivière ou de ſes environs vous paroîtra trop mono-tone, ou trop peu digne de votre curioſité, recourez à vos inſtrumens de muſique ; ils charmeront votre ennui , & feront l'admiration des habitans du rivage , &c. &c.

3°. *Pour la chaſſe.*

Ceux qui en ont le droit & le goût, & qui ſeroient propriétaires de marais , d'étangs , de lacs ou d'amas d'eaux conſidérables, où il y auroit de la ſauvagine , ſe ſerviroient très-utilement du Scaphandre , pour y aller à la chaſſe. Les oiſeaux de cette eſpèce ſe tiennent , autant qu'ils peuvent , fort éloignés des bords , hors de la portée des armes à giboyer ; ils ſe retirent ou ſe mettent à couvert, dans des endroits, pleins de grands herbages, de halliers, de joncs, de roseaux, où les chiens n'osent & ne peuvent souvent s'engager, quelques bons nageurs & quelqu'intrépides qu'ils soient.

Rien ici n'est inaccessible avec notre corselet ; mais il faut un peu ruser. Au lieu du bonnet, où doivent être les munitions, on couvrira sa tête de la forme d'un canard, d'une oie, d'un cigne, (fig. 3, pl. IV.) en un mot, de la peau & des plumes de quelque oiseau aquatique, dont la vue, familière à la sauvagine, la mette dans le cas de ne point s'effaroucher.

Pour suppléer au bonnet, on se creusera une très-petite nacelle x, d'une seule pièce, d'un bois fort

léger (de Liége, si l'on veut), longue
de douze à quinze pouces, & large
de sept à huit, suivant le besoin. On
la Lestera avec du plomb, on y
mettra les munitions, & on l'attachera au Scaphandre avec une ficelle, afin qu'elle en soit remorquée,
ou qu'elle en suive les mouvemens,
lorsqu'on en sera à manœuvrer à
flot, au milieu des plus grandes
eaux : si on la fait plus considérable,
on pourra y appuyer la crosse de
son arme, pour la charger plus
commodément.

Alors, le fusil en bandoulière, la
crosse en haut, la bouche du canon
en bas, fermée avec du Liége, ou
simplement le fusil sur l'épaule,
(fig. 3.) on se promènera, à la
nage, au milieu des eaux, en long
& en large, pour se mettre à portée

des oiseaux aquatiques que l'on voudra tirer.

S'ils se jettent dans des endroits fourrés, rien n'empêche qu'on n'y pénètre, avec la précaution pourtant de sonder le fond avec ses pieds, de peur de s'empêtrer inconsidérément dans des vases, d'où l'on ne pourroit se tirer : mais le Chasseur prudent se pourvoira d'un long bâton, qui lui servira de sonde, & de quelques pierres, qu'il jettera dans les endroits impénétrables ; afin d'effaroucher la sauvagine, qui y seroit, & de la tirer au vol.

Je ne fais qu'indiquer ici la possibilité de la chose ; les gens du métier trouveront plus d'expédiens, que je n'en pourrois suggérer.

L iv

4°. Pour la pêche.

Qui peut chasser, à la nage, au milieu des eaux les plus profondes, peut très-certainement y pêcher. Deux Scaphandriers, ou même un seul, qui sçauroient promener un filet dans des eaux poissonneuses, ne manqueroient pas d'y faire une bonne pêche. La nacelle x, (fig. 3, pl. IV.) dont j'ai parlé ci-dessus, seroit fort propre à la recevoir, ou un filet, en forme de poche, d'où le poisson ne pourroit s'échapper.

Mais, sans aucuns filets quelconques, sans nacelle ou sans poches, destinées à recevoir le poisson, pris ou à prendre, on pourroit s'en procurer beaucoup, en parcourant simplement, avec un Scaphandre, des endroits poiſſonneux, comme ſi l'on ne faiſoit que s'amuſer, ou prendre des bains de ſanté.

On ſçait qu'on eſt habillé de pied en cap, avec ce corſelet ; ainſi, quand on ſe propoſera de ſe mettre à l'eau, il n'y aura qu'à attacher, autour de ſon corps, depuis les pieds juſqu'au cou, tant de lignes que l'on voudra, avec différens appâts, dont les poiſſons ſoient friands, comme on le pratique dans les pêches ordinaires ; ſe mettre en-ſuite à flot, & s'y promener ſui-vant ſon caprice. On ne manquera pas, après quelques minutes, de ſe ſentir tirailler en différens ſens, ou l'on éprouvera ſoi-même, en tou-chant les lignes avec ſes mains, à quel point en eſt la pêche.

Dès qu'on la jugera bonne, on

se retirera au rivage, où l'on se verra couvert, & comme émaillé, de toutes parts, de poissons sautillans & brandillans, qui annonceront une autre joie, bien plus durable & plus solide, celle de la table ou de la bonne chère, &c, &c. (1).

5°. *Pour le passage des grandes rivières par des troupes.*

Je ne puis mieux faire ici, que de présenter au Public les vues d'un

---

(1) On m'objectera, sans doute, qu'avec un pareil moyen, on s'expose plutôt à faire bien *maigre chère*; puisqu'un fantôme de cette espèce, au milieu des eaux, paroît plus propre à effaroucher qu'à faire venir les poissons. Mais il n'est question que de bien choisir ses appâts; il y en a avec lesquels on prend le poisson à la main.

Militaire diſtingué, M. le Comte de Puyſégur, Lieutenant Général des Armées du Roi, notre Contemporain. Il s'eſt occupé, aſſez longtems, d'idées rélatives à cet objet. Je l'appris par l'Académie des Sciences, un jour que, dans une de ſes Aſſemblées, je liſois un Mémoire ſur les effets de mon Scaphandre, qu'elle m'a fait l'honneur d'approuver.

J'ignorois abſolument ce qu'on avoit fait avant moi là-deſſus. Le déſir de m'inſtruire, & de comparer les travaux des autres avec le mien, me déterminèrent à écrire à M. le Comte de Puyſégur. Il m'honora d'une réponſe très-détaillée & très-inſtructive, dont il m'a permis de publier tout ce que je voudrois.

« A la fin du ſiége de Maeſtricht

» (1748), dit cet Officier Général,
» étant détaché à Louvain, je penfai
» que l'on pouvoit fe fervir de cette
» idée (d'un habit de Liége) pour
» faire arriver des Soldats fur le
» rivage, près du pont à Maeftricht,
» foit de jour, foit de nuit, tant
» pour furprendre que pour atta-
» quer le chemin couvert, ou le
» prendre de revers.

» J'avois imaginé, afin qu'on ne
» foupçonnât point cette attaque,
» de jetter, plufieurs jours de fuite,
» quantité de bottes de foin, qui
» euffent flotté fur l'eau, & fuivi le
» courant. Le jour de l'attaque,
» j'euffe fait entrer, dans l'eau, des
» Soldats, la tête entourée de foin,
» pour fe cacher, en fe laiffant dé-
» river, avec ordre de fe raffembler
» près du rivage. Je n'avois cepen-

» dànt pas encore fait d'épreuve,
» & je me préparois à la tenter,
» lorfqu'arriva la fufpenfion d'ar-
» mes, & enfuite la paix. . . .

» Dans l'hyver de 1757, le blocus
» de Gueldres étant formé, je crus
» qu'on pouvoit pénétrer dans la
» Ville par l'inondation. Je propofai
» à M. le Marquis de Roquepine
» d'entreprendre cette expédition
» avec moi. Je voulus faire tra-
» vailler à ces vêtemens (de Liége)
» pour quatre cents hommes ; mais,
» par des raifons particulières, le
» projet ne fut pas accepté. . . .

» Voici, au furplus, quelques
» circonftances, où l'on peut faire
» un bon ufage de ce *Scaphandre*,
» puifque vous le nommez ainfi.

» 1°. Un homme peut, de fort
» loin, avec cet habit, en mer ou

» dans les grandes rivières, se laisser
» dériver au courant, & arriver,
» sans bruit, contre un bâtiment à
» l'ancre, sans être pris pour autre
» chose qu'une bouée (1) ; s'y ac-
» crocher ensuite, y attacher la
» chemise de souffre, qu'il auroit
» remorquée, y mettre le feu, & se
» retirer ; sans courir risque d'être
» pendu ; comme il le seroit, s'il
» étoit pris dans son opération.

 » 2°. Un homme, ayant traversé
» une rivière, & amarré un cordage
» au côté, opposé à celui dont il est

---

(1) On appelle *bouée*, dans la Marine,
un morceau de bois, de Liége, en un mot,
un corps quelconque, attaché à un cordage,
& qui, flottant au-dessus d'une ancre, sert
à marquer le lieu où elle est. Les *bouées*
servent aussi à marquer les écueils, les endroits difficiles, les débris de navires, &c.

» parti, on pourra faire passer, pro-
» portionnellement à la force de ce
» cordage, un certain nombre de
» Soldats, ainsi arrangés, se tenant
» ensemble, & formant une sorte
» de bataillon quarré, qui seroit
» porté à l'autre rive, comme un
» pont-volant.

» 3°. On peut encore se servir
» fort utilement de cette invention,
» pour franchir des inondations,
» où l'eau est presque toujours sta-
» gnante. Beaucoup de places de
» guerre ne seroient plus à l'abri
» d'un coup de main, malgré les
» embarras des haies & des bran-
» chages, qu'on pourroit facilement
» couper.

» 4°. Au reste, on pourroit adap-
» ter cette même invention au har-
» nois d'un cheval, en la changeant

» un peu de forme, avec plus de
» poids, & le faire paſſer, à la
» nage, lui & ſon cavalier, les
» fleuves les plus rapides, ſans
» craindre leur violence ».

Pour aſſurer mieux le paſſage des
grandes rivières, par des troupes
en bataillon, j'ajouterai quelque
choſe à ce qu'en vient de dire M. le
Comte de Puyſégur.

L'important, à la guerre, quand
il s'agit d'un coup de main, ou d'in-
ſulter un poſte, eſt le ſecret & la
diligence. On ne trouve pas toujours, ſur la rive oppoſée que l'on
veut gagner, des arbres, ou quelqu'autre appui aſſez conſidérable,
pour ſoutenir l'effort, que feroient
des troupes, en paſſant à l'autre
bord, ſur le cordage qu'il faut y
amarrer.

amarrer. Il faudroit donc que le Soldat, chargé de cette première opération, remorquât ou traînât après lui, en nageant, un Pieu, traversé, vers le haut, par un levier, & garni, par le bas, d'une pièce de fer en vis, dans laquelle son extrêmité inférieure feroit bien folidement enchaffée; ce qui feroit la fonction d'une efpèce de Tarière (fig. 2, pl. II.)

En faifant tourner le Pieu, au moyen de fa traverfe & de fa vis, on l'enfonceroit dans la terre, fans bruit, jufqu'à un point convenable (fig. 3, pl. II.), & l'on n'auroit pas befoin de donner aucuns coups, qui expoferoient évidemmment à faire découvrir une manœuvre, que l'on auroit le plus grand intérêt de tenir fecrète.

M

Cependant, les Soldats, qui doivent éxécuter le paſſage, auront ceint leur Scaphandre, vers le haut de la poitrine, d'une corde ou ficelle, dont ils laiſſeront, par derrière, un bout pendant d'un pied ou deux.

Un autre point d'une très-grande importance, à la guerre, eſt de bien agir enſemble. Suppoſons donc à préſent que l'on veuille faire paſſer, en même tems, ſix cents hommes en dix rangs, de ſoixante Soldats au rang, ou en ſoixante files, de dix Soldats chacune, au moyen d'une ſeule corde, amarrée comme nous venons de le dire (même fig.). Le premier chef de file empoignera, d'une main, la corde qui traverſe la rivière, & s'avancera avec ſa file, juſqu'à ce qu'ils ſoient à flot,

Alors, de peur qu'ils ne s'écartaffent les uns des autres, chacun d'eux faifira fon voifin, par le bout pendant de la ceinture ci-deffus : comme elle a quelque longueur, ils ne fe gêne-ront point dans leurs mouvemens.

Il eft clair que cette première file ne fe fatiguera point, à flot, en attendant les autres ; le Scaphandre faifant toute la befogne. Les chefs de file n'auront d'autre peine, à me-fure qu'il en viendra à côté d'eux, que de s'avancer dans la rivière, au moyen de la corde traverfière, qu'ils ont d'abord empoignée.

Dès que cette corde fera chargée des foixante files, à flot, on en lâchera fon extrêmité C, arrêtée d'abord au rivage d'où l'on eft parti, & le feul courant, qui appuiera fur ces troupes, comme fur un long le-

vier, les portera toutes enfemble,
& prefqu'en même tems, à l'autre
rive R S, où elles pourront fur le
champ éxécuter leur projet, fans fe
défaire, fi elles le veulent, du Scaphandre, qui leur fervira même
d'une très-bonne arme défenfive (1).

Première remarque.

Il pourroit arriver que la corde,
qui traverfe la rivière, fût inca-
pable, lorfqu'elle feroit arrêtée par
fes deux extrêmités C, D, de foutenir la preffion ou l'effort de fix cents
hommes, réünis comme en une
feule maffe, que le courant por-

______

(1) Comme il y a, dans le Scaphandre,
beaucoup plus de plein que de vuide, les
coups de fufil ou de fabre n'y feroient pas
grand effet ; le Liége eft une efpèce de
matelas très-propre à les amortir.

teroit ou feroit appuyer fur elle.

On pourvoiroit à cet inconvénient de deux manières, ou en at-
tachant au Pieu plufieurs cordes
traverfières, afin que chacune d'elles
fût moins chargée, ou en diftribuant
plufieurs cordes fur une feule, lefquelles, attachées fortement au rivage par leur autre extrêmité, fou-
tiendroient ou fortifieroient cette
première & principale corde traverfière ; elles ferviroient encore à
la rappeller, au cas que les troupes
fuffent obligées de rétrograder,
&c. &c.

Au refte, il ne faut regarder ceci
que comme de premières idées,
qui fe perfectionneront par les gens
du métier, fuivant les circonftances.

Seconde remarque.

S'il y avoit lieu de craindre que la corde traverſière, enfonçant trop. dans l'eau, ne rencontrât quelqu'obſtacle invincible, qui l'empêchât de ſe replier, avec les troupes, ſur la rive oppoſée, il n'y auroit qu'à garnir cette corde de morceaux de Liége, d'eſpace en eſpace; ils la tiendroient, à la ſurface de l'eau, dans toute ſa longueur, & l'inconvénient ſeroit évité; car il faut pourvoir à tout, principalement dans les expéditions, qui demandent la plus grande célérité & le plus profond ſecret. Ainſi, je crois qu'à tout événement, avant d'entreprendre rien de ſemblable, il faudroit que les cordes traverſières euſſent toujours cette garniture.

6°. Contre les dangers fur mer & fur les rivières.

Je vais encore me fervir ici de la lettre de M. le Comte de Puyfégur. Il penfe que le Scaphandre feroit fort utile, « 1°. pour aller vifi-
» ter un navire à fleur d’eau, &
» le calfater, à la mer, en le met-
» tant à *la bande*, c’eft-à-dire, fur
» le côté.

» 2°. Pour fauver la partie de l’é-
» quipage, qui ne peut entrer dans
» la chaloupe, quand le vaiffeau
» coule bas. . . . Si M. de Boulain-
» villiers eût eu cette reffource (1),
» perfonne de fon monde n’eût péri.

» 3°. Quand un bâtiment chavire,

(1) On verra plus bas la defcription de fon naufrage.

» faute ou fombre, il eft certain
» que les Marins, qui auroient cette
» efpèce de vêtement, ne pour-
» roient être étouffés dans l'eau,
» (ou ce qu'on appelle vulgairement
» *noyés*) que parce qu'ils feroient
» accrochés par quelques manœu-
» vres, qui les retiendroient dans
» le fond ».

Un fûr moyen d'éviter cet inconvénient feroit de s'élancer hors du
vaiffeau, dans le tems qu'on le
verroit, ou quelques inftans avant
qu'on le vît couler bas.

« Il eft vrai qu'on ne peut pas
» toujours porter cet habillement;
» mais on peut prévoir le danger.
» Il ne faut d'ailleurs qu'un moment
» pour s'en revêtir; &, quand même
» le tourbillon, formé par un vaif-
» feau qui s'abîme, feroit d'abord

» enfoncer celui qui porteroit cette
» machine, il seroit bientôt revenu
» au-dessus de l'eau, sans avoir eu
» le tems d'être étouffé ».

Ce tourbillon, ou plutôt cette espèce de gouffre, formé par le corps d'un vaisseau qui s'abîme, est très-redoutable. Une infinité de meubles ou de débris peuvent tuer, écraser, disloquer, ou retenir trop long-tems, au-dessous des eaux, les hommes entraînés dans cet entonnoir, ou forcés d'y plonger.

Quand on ne s'est pas jetté à l'eau, quelques momens avant que le vaisseau coulât bas, la seule ressource, même avec un Scaphandre, seroit de monter, par les haubans (1), au haut des mats, le plus

____

(1) Ce sont de gros cordages, qui fer-

qu'on pourroit. Le gouffre n'eft occafionné que par les eaux fupérieures, qui tendent rapidement à remplir le corps du vaiffeau, & à prendre la place des inférieures,

---

vent à foutenir les mâts à basbord & à ftribord, c'eft-à-dire, à droite & à gauche, ils font attachés au haut des mâts & à l'endroit des barres de *Hunes*, & roidis en bas contre le bord du vaiffeau. De petits cordages, qu'on appelle *enfléchures*, les traverfent depuis le haut jufqu'en bas, & forment des échelons, par le moyen defquels les Matelots montent aux *Hunes*, qui font une efpèce de plate-forme ronde, pofée en faillie autour d'un mât. On y amarre les étais & les haubans; les Matelots y montent pour la manœuvre, & fur celle du grand mât on en met un en vedette, pour faire fentinelle, fur-tout dans les tems de brume, & quand on craint des brifans ou des Corfaires.

déplacées par cette maſſe. Cela
eſt d'une fort petite durée, &
n'eſt preſque plus rien, quand le
haut des mâts arrive à plonger ;
ainſi, ceux qui s'y feroient réfugiés n'auroient rien à craindre du
gouffre.

« 4°. Au moyen de cette précau-
» tion (du Scaphandre), l'équipage
» d'un vaiſſeau, qui échoueroit ſur
» une côte peu difficile, feroit né-
» ceſſairement porté au rivage, à la
» mer montante (1), ſans pouvoir
» être ſubmergé.

» On convient que, lorſqu'un

____

(1) On n'a pas beſoin, avec mon Scaphandre, que la mer monte, pour gagner
le rivage : en s'aidant des paumes des
mains, comme les nageurs ordinaires, &
même, en marchant un peu, il eſt très-
poſſible d'avancer contre le reflux.

» bâtiment fe brife contre un ro-
» cher, par une tempête violente,
» cette reffource deviendroit inutile
» à ceux que les flots jetteroient,
» avec fureur, fur la roche ; mais
» très-certainement elle ne contri-
» bueroit en rien à leur malheur.
» Enfin, avec elle, on ne peut périr,
» en mer, que par la maladie, les
» accidens, le fer, le feu, la faim,
» & jamais par l'eau ».

Cela éxige quelque modification.
On peut être noyé ou étouffé par
les eaux, fans y être fubmergé,
Quand la mer moutonne, ou que
les vents écrètent les vagues en
différens fens, il s'élève, à plufieurs
pieds de fa furface, une efpèce de
nuage, de pluie fort épaiffe, des
flocons d'eau fi multipliés & fi con-
tinus, qu'en bouchant perpétuelle-

ment les organes externes de la respiration, on est bientôt suffoqué; sans compter que, dans une grande tempête, il est impossible de tenir long-tems contre les vagues, lesquelles, passant continuellement par dessus la tête, inondent le visage du nageur, & l'étouffent sans couler à fond.

Mais il y a bien des manières de faire naufrage : très-peu vont jusqu'à cette extrêmité. On sauveroit une infinité d'hommes, si, uniquement abandonnés aux eaux, ils pouvoient s'y tenir debout, s'y arrêter, ou y cheminer, à volonté, sans jamais y enfoncer que jusque vers la région des mamelles.

Un vaisseau peut couler bas, 1°. par une voie d'eau; 2°. par des bas-fonds; 3°. en passant de la mer dans une rivière (1) ; 4°. en heurtant contre une roche ; 5°. par le feu du ciel, ou celui du vaiſſeau même ; 6°. par le canon de l'ennemi dans un combat ; 7°. par un attérage imprévu ; 8°. par des bancs de ſable ; 9°. quand un vaiſſeau eſt forcé d'échouer, ou quand on l'échoue exprès, par malice ou de peur d'être pris, &c.

Dans tous ces cas, qui arrivent le plus communément, il n'eſt point queſtion de tempêtes. Avec des Scaphandres, pas une ame ne périroit, ou, pour le moins, on auroit tout le tems d'attendre du ſecours.

______

(1) Cela peut arriver, quand un vaiſſeau eſt très-chargé ; l'eau de la mer étant, à volume égal, plus peſante que celle des rivières, ſoutient auſſi mieux les corps qui y plongent ou y ſurnagent.

OBJECTIONS.

On croit ici en faire de très-grandes. 1°. Un naufrage arrive, en mer, à plufieurs centaines de lieues des terres. Comment le Scaphandre en fauvera-t-il ? Ne fera-t-on pas dévoré par la faim, par les poif-fons, ou même par le défefpoir ? Une prompte mort eft certainement préférable à une vie de quelques jours, que l'on eft menacé de perdre à tous les inftans.

C'eft ainfi que l'on raifonne, quand on a le tems de raifonner. La nature laiffe là toute cette méta-phyfique, & s'accroche où elle peut dans un danger. Il n'y a point ici à délibérer : elle pourvoit au plus preffé. Un Scaphandre eft fous ſes mains ? Elle l'endoſſe, la voilà ſauvée de l'eau. La faim & la dent des poiſſons ſont des dangers plus éloignés & d'une autre eſpèce. Toutes les mers ne nouriſſent point de ces animaux, friands de chaire humaine. Il y a des expériences de perſonnes, qui ont ſubſiſté pluſieurs jours, à la merci des flots, après des naufrages, ſans prendre la moindre nourriture. Dans les mers fréquentées, il n'y a guère de jours qu'il ne paſſe quelque vaiſſeau, dont on peut eſpérer du ſecours. Rien n'empêche, d'un autre côté, (je le conſeille fort, & je le pratique) que l'on ne garniſſe le Scaphandre de quelques poches, où l'on tiendroit toujours en réſerve quelque bouteille de liqueur ſpiritueuſe, pour les cas extrêmes.

Le

Le pis-aller feroit de mourir, comme on feroit. mort fans Scaphandre ; mais, encore une fois, la nature (excepté dans le défefpoir) meurt le plus tard qu'elle peut, & l'habit que je propofe lui donne ici cette reffouree.

Remarque importante.

On obfervera même, par rapport aux tempêtes, que le plus grand nombre des naufrages qu'elles caufent, fe font près des côtes, à quelques lieues de diftance.

En pleine mer, les vents ont la liberté de déployer leur action fur une vafte étendue. Toutes les fois que la force d'un agent quelconque fe diftribue à un plus grand nombre de parties, plus auffi eft foible l'impreſſion, que chacune d'elles en reçoit. Aux approches du rivage, les vents & les flots ſont gênés & répercutés par les terres ou les côtes, qui les bornent ou les limitent ; les houles & les vagues reprennent donc en hauteur, ce qu'elles ne peuvent avoir en ſurface, comme en pleine.

Auſſi leur fureur, irritée par ces obſtacles, en eſt bien plus terrible ; elle s'augmente encore par les rochers, beaucoup plus fréquens ſur les côtes que par-tout ailleurs. La mer, par ſon mouvement perpétuel, roule les corps ſolides, qui ſe détachent de ſon ſein, juſqu'où ils peuvent aller. Elle eſt retenue par ſes bords ou ſes rivages ; ils s'y arrêtent avec elle, & la hériſſent d'écueils, que les vaiſſeaux ne ren-

contrent pas ailleurs, à beaucoup
près, si fréquemment.

Ainsi, le soulèvement des flots
augmenté, & les écueils multipliés
vers les côtes, en rendant les tempêtes plus dangereuses, y rendent
aussi les naufrages plus fréquens.
Comme on est à la vue des terres,
si l'on étoit pourvu de Scaphandres,
on pourroit, de soi-même, gagner
les bords, ou attendre des secours,
qui seroient à portée.

2°. En convenant que l'on puisse
effectivement, avec cette ressource,
sauver des eaux un grand nombre de
personnes, ne se mettroit-on pas
dans le cas, d'un autre côté, d'en
perdre bien davantage ? Lorsqu'un
vaisseau est menacé d'un danger
quelconque, il est certain qu'on ne
peut le sauver que par des manœu-

vres, commandées & faites à propos. En pareil cas, la tête tourne souvent aux Matolots : on ne la fait revenir que le piftolet à la main. Le courage de gens, enrôlés par force, dans les vaiffeaux de guerre, doit être auffi abfolument forcé. Il doit ne leur refter aucun moyen de fuir. En défendant fa maifon jufqu'à l'extrêmité, il faut ou la fauver ou périr avec elle. Si l'on introduifoit l'ufage du Scaphandre, le remède feroit bien pis que le mal ; il pourroit occafionner une défertion affreufe, même fans la vue du danger, uniquement pour recouvrer fa liberté.

Voilà, ce me femble, l'objection préfentée dans toute fa force, & avec l'appareil le plus effrayant. Je n'en ai jamais été frappé. Les Offi-

ciers du vaisseau auroient des Scaphandres sous leur garde, comme
ils y ont les armes & les poudres ;
ils n'en distribueroient qu'à proportion du besoin bien reconnu, &
suivant le dégré de confiance, qu'ils
auroient aux personnes : il seroit
défendu de s'en pourvoir en particulier, sans l'exprès consentement
des Chefs ou du Conseil.

D'un autre côté, la ressource du
Scaphandre, bien loin d'occasionner
la désertion, lorsqu'il y auroit tempête ou danger, sur-tout dans un
grand éloignement des côtes, est
tout-à-fait propre à conserver ou à
faire revenir la tête des Matelots,
à raffermir leur courage & à bannir
tout désespoir. Abandonner, en
pareils cas, les manœuvres ou le
vaisseau, ce seroit rendre sa perte

infaillible, & le falut des déferteurs
fort incertain ; puifqu'aux premières
apparences de lâcheté ou de l'envie
de s'enfuir, les Officiers ont le
piftolet prêt à leur caffer la tête ;
au lieu qu'en faifant leur devoir,
en fe conduifant en braves gens,
foutenus par la réferve du Scaphandre (efpèce de retraite bien
ménagée, à laquelle on a pourvu
de loin), des manœuvres affurées
pourront fauver le navire & l'é-
quipage.

Au pis-aller, s'il vient à périr,
comme il eft poffible de travailler,
revêtu de ce corfelet, c'eft une
chaloupe infubmerfible, toute prête
à venir au fecours, ou à mettre à
portée d'en attendre ; puifqu'avec
cela on peut, tout à la nage, fe
conftruire des radeaux, pour fervir

de refuge après le naufrage, ou même avant, quand il eſt jugé iné-vitable, comme la poſſibilité en eſt démontré quelques pages plus bas.

Lorſqu'on eſt muni de Scaphan-dres, la vie eſt donc plus aſſurée, en travaillant à la conſervation du vaiſſeau, juſqu'à la dernière extrê-mité, qu'en l'abandonnant, avant qu'il périſſe.

Quant aux équipages des vaiſſeaux Marchands & des Paſſagers, où il n'y a rien de forcé, il eſt évident que ces habits contribueroient à leur inſpirer la plus grande confiance, & qu'ainſi, dans tous les cas, il feroit bon de s'en pourvoir.

3°. Le Scaphandre eſt d'un aſſez gros volume : cela feroit bien de l'encombrement, c'eſt-à-dire, tien-droit beaucoup de place dans un endroit, où il n'y en a jamais trop pour les subsistances, l'eau douce, les canons, les marchandises ou la cargaison, &c.

On convient, de bonne foi, que cette objection n'est pas sans fondement. Les cinq pièces du Scaphandre, y compris la Suspensoire ou le Plastron, mises les unes sur les autres, occupent un espace long de vingt pouces, large de dix, profond ou épais de douze ; ce qui fait un pied un tiers avec un dix-huitième de pied cube, & sa pesanteur totale est de douze à treize livres. Il n'y a donc qu'à opter entre ces deux avantages, ou d'assurer sa vie, en gagnant un peu moins, ou de la mettre à la merci des événemens, pour avoir un peu plus.

Cependant il n'est pas nécessaire

qu'il y ait des Scaphandres pour tout le monde dans un vaisseau. Quand il auroit huit cents hommes d'équipage, une centaine de ces corselets seroient plus que suffisans : on en donneroit d'abord aux plus intelligens, aux plus adroits, aux meilleurs manouvriers; en un mot, aux personnes le plus en état de travailler, à flot, par ce moyen, à la construction ou à la perfection des radeaux, pour le refuge & le salut de tout le monde. Ainsi, dans un vaisseau de guerre, l'encombrement & la charge d'une centaine de ces habits feroit d'une assez petite considération, en comparaison des services les plus précieux, dont ils feroient, en cas de malheur.

Uſage du Scaphandre, ſoit pour le radoub, ſoit pour le calfat d'un vaiſſeau en mer.

Radouber un vaiſſeau, c'eſt réparer quelque dommage fait à ſon corps. On emploie à cet uſage des planches, des plaques de plomb, des étoupes, du goudron, du ſuif, &, en général, tout ce qui peut arrêter les voies d'eau.

Le *calfat* eſt une eſpèce de radoub, qui ſe fait à un navire, lorſqu'on en bouche les trous, les crevaſſes, les fentes, les jointures ou les entredeux des planches ou du bordage, & qu'on les enduit de ſuif, de poix, de goudron, de brai, &c. afin d'empêcher qu'il ne faſſe eau ; ou bien, c'eſt une étoupe enduite de brai, que l'on pousse, de force, avec un ciseau & un maillet, dans les joints ou entre les planches d'un navire, pour le tenir sain, étanché, & franc d'eau.

Quand il faut donner le radoub & le calfat, un peu au-dessus ou au-dessous de la ligne de flottaison, c'est-à-dire, de la partie du vaisseau, qui est à fleur d'eau, en le mettant à la bande ou sur le côté, c'est un assez grand appareil ou attirail de poulies, de cordages, de madriers, pour soutenir des hommes sur les flancs de ce vaisseau, afin d'y faire les réparations convenables ; au lieu qu'avec de simples Scaphandres, dont on peut se revêtir en une demi-minute, on est en état, presque sur le champ, d'aller porter du remède au mal, en descendant à la mer, le long d'une corde, que l'on ceindra, si l'on veut, autour de son corps, pour suivre plus parfaitement les mouvemens du vaisseau; & même, s'il y avoit trop d'embarras, pour mettre à l'eau la chaloupe ou la yole, on jetteroit simplement, à la mer, quelques madriers, retenus par des cordes, sur lesquels on auroit attaché des haches, des tarières, des villebrequins, des clous, en un mot, tous les instrumens & toutes les matières, propres au service que l'on se proposeroit; car être dans l'eau avec un Scaphandre, c'est avoir autour de son corps un bateau, avec lequel on peut faire toutes sortes de manœuvres, sans crainte d'être submergé.

Ufage du Scaphandre, pour faciliter, par mer, une defcente de troupes fur des côtes.

Des troupes de débarquement ne peuvent fauter immédiatement d'un vaiffeau fur la terre : cela fe fait toujours à une affez grande diftance du rivage, de peur que les vaiffeaux, en s'approchant trop, ne vinffent à toucher ou à talonner. Il faut donc beaucoup de chaloupes, expofées à chavirer, dans un auffi grand mouvement de troupes que celui d'une defcente, où d'ailleurs on peut être reçu à coups de canon & de fufil, avant de pouvoir fe défendre. Si un boulet vient à donner fur une nacelle, voilà tout fon monde perdu, & il n'eft guère possible de rendre les coups de fusil.

Mais des Officiers & des Soldats, revêtus de Scaphandres, peuvent se mettre à l'eau, pendant la nuit, la mer montante, remorquer des outils de sappes ou de tranchée, attachés sur des planches, arriver très-facilement au rivage, avec fusils, bayonnettes & cartouches, s'y établir promptement, & favoriser le reste de la descente. Des troupes, ainsi dispersées dans l'eau, n'auroient pas beaucoup à craindre du canon ennemi, & plastronnées, comme elles le seroient par ce corselet ou par cette armure défensive, les coups de fusil y feroient bien peu de chose.

Usage du Scaphandre pour faire aiguade ou faire de l'eau, en mer.

Faire aiguade ou *faire de l'eau* fur une côte, c'eft y aller fe fournir d'eau, bonne à boire, c'eft-à-dire, faire une provifion d'eau douce, que l'on prend fur le rivage de la mer, pour les vaiffeaux, lorfqu'ils en manquent, ou qu'ils font prêts d'en manquer, dans le cours de leurs voyages.

Il y a *bonne aiguade* en certains lieux : on les choifit. Les lames font quelquefois fi confidérables, fur les bords de la mer, que les chaloupes n'y pourroient tenir. Des nageurs ordinaires, de la première force, pourroient bien auffi y fuccomber, comme il n'y en a que trop d'éxemples ; étant obligés d'ailleurs de pouffer devant eux des barils ou des muids, pour les remplir, en partie, de l'eau qu'on va chercher, & les ramener, ainfi chargés, aux chaloupes, qu'on a laiffées à portée de les recevoir.

Cette befogne peut fe faire très-commodément, & fans aucun rifque, avec des Scaphandres. Comme ces habits tiennent les nageurs, tout debout, dans l'eau, fans avoir à s'occuper, le moins du monde, de leur confervation, le travail, qu'éxige l'aiguade, s'en fait aifé-ment, fûrement, promptement. Quoique les Jaquettes, dites Anglaifes, n'aient pas, à beaucoup près, les avantages du Scaphandre, elles ne laiffèrent pas d'être fort utiles, pour cet objet, à M. Byron, Anglais,

Anglais, Chef d'Escadre, dans son voyage autour du monde, en 1764 & 65, comme on peut le voir, à l'article *Jaquette de M. Wilkinson.*

Usage du Scaphandre, pour faire des Radeaux, à la nage, en pleine mer, pouvant servir de refuges après un naufrage, ou même avant, quand il est jugé inévitable.

Un *Radeau* est un assemblage de plusieurs pièces de bois, liées ensemble, formant une espèce de plancher, flottant, dans l'usage, presqu'à fleur d'eau, & auquel rien n'empêche qu'on ne donne des bords assez relevés, pour garantir, ceux qui y feroient, des plus grandes incommodités de l'eau : c'est alors une espèce de Bateau plat,

ſur lequel on peut mettre des hommes, & tout ce que l'on prévoit
être utile à leurs beſoins, ſuivant
les circonſtances, où ils ſe trouvent,
ou ſelon les projets qu'ils ont.

Voici, ſans doute, le moment le
plus précieux des Scaphandres, d'un
prix, j'oſe l'avancer hardiment,
d'un prix ineſtimable. Dès qu'il n'y
aura plus aucune eſpérance de ſauver
un vaiſſeau, près ou jugé près de
périr, tous ſe mettront à l'ouvrage,
& l'on ne perdra pas un moment,
revêtus de Scaphandres, pour jetter
à l'eau cages à poulets, barils vuides
& bien bouchés, vergues, avirons, cordages, cordes & ficelle,
voiles, tables, bancs, planches, ſur
leſquelles on attachera maillets,
marteaux, haches, ſerpes, ſcies,
tarières, villebrequins, vrilles,

couteaux, clous de toute espèce,
&c. en un mot, tout ce qui est nécessaire à la construction d'un édifice de bois flottant, que l'on va
faire, à la nage, au milieu & à la
surface des eaux les plus profondes.

Avant de les jetter, on en liera
ensemble le plus qu'on pourra, afin
qu'on soit moins obligé de les chercher, ou de courir après, lorsqu'on
en aura besoin. J'ai supposé qu'on
n'oublieroit ni vivres, ni eau douce,
ni liqueurs, ni boussole, ni cartes,
sans lesquels on n'iroit pas loin, ou
bien on iroit fort mal.

La première chose à faire, lorsqu'on sera à la merci des flots, sou-
tenu, debout, par le Scaphandre,
ce sera de sauver ceux qui n'en
auroient pas, & de les mettre, le
mieux qu'on pourra, en sûreté, avec

ceux qui ne pourroient point travailler, ou qui n'y seroient pas
propres. Alors on rassembleroit, à
portée des constructeurs, les matériaux qu'on se seroit ménagés ; &,
en assez peu de tems, on verroit se
former, assez grossièrement d'abord
avec des cordes, & plus parfaitement ensuite avec des chevilles &
des clous ; on verroit, dis-je, se
former des espèces de planchers,
sur lesquels on se réfugieroit, &
que l'on auroit le tems de perfectionner, quand on auroit pourvu
au plus pressé.

Il est évident qu'une pareille ressource eût sauvé tout l'*Utile*, qui
touchoit presqu'au rivage de l'Isle
de sable, où il se perdit. Tout *le
Prince*, quoique brûlé, sur la mer,
à près de deux cents lieues des

terres de toutes parts ; & principalement tout *le Bourbon*, commandé
par le Comte de Boulainvilliers,
qui n'étoit qu'à cinq lieues de la
côte.

---

*Naufrage de la Flûte l'Utile, sur l'Isle
de sable, le 31 Juillet 1761, entre
dix & onze heures du soir, vers les
15 dég. 52 min. de Lat. Sud.*

Ce vaisseau étoit venu à Madagascar, y faire une cargaison de riz,
pour l'Isle Bourbon, qui en man-
quoit. On avoit remis à la voile, le
vingt-troisième Juillet 1761, vers
les quatre heures du soir. Il paroît
qu'il y eut bien de l'ignorance dans
la manière dont on gouverna cette
Flûte. Le 30, à midi, sur l'observation par 16 d. 20 m. de latitude,

fous laquelle fe trouvoit l'Ifle de fable, qui n'étoit point marquée fur la carte du premier Pilote, on dit qu'on pouvoit fe perdre, en courant cette Bordée. Rien n'empêchoit qu'on ne prît des précautions, contre le danger dont on étoit menacé.

Le lendemain, à la pointe du jour, à peu près fous la même latitude, on eftima qu'on étoit environ à vingt lieues des *Bancs de Nazareth*. Entre dix & onze heures du foir, l'*Utile* talonna, c'eft-à-dire, donna comme des coups de talon fur l'Ifle de fable, & jetta tout le monde dans la plus grande inquiétude. On ne fçavoit où l'on étoit; les vagues étoient très-groffes, les roulis violents, & les coups de talon ne ceffoient. Les mâts furent abattus ; près de terre , comme l'on étoit , les brisans étoient affreux. Le vaisseau se démembra , & chacun s'accrocha où il put. On se noyoit tout à la nage , la mer faisant coffre de toutes parts , c'est-à-dire , s'élevant en voutes , qui venoient , coup sur coup , se briser sur les gens de l'équipage ; ils avoient à peine le tems de respirer : les cris furent horribles jusqu'à la pointe du jour , que l'on apperçut la terre , où l'on voyoit du monde se promener. C'étoit des gens du vaisseau , que les débris & les lames y avoient porté.

On travailla d'abord vainement à établir un *Va & Vient* , c'est-à-dire , des cordes , amarrées par un bout au rivage , & de l'autre à la carcasse du vaisseau ; la mer étoit trop furieuse. Dès qu'elle fut moins irritée, on attacha des cordes de débris en débris, & l'on parvint à fauver le refte de l'équipage. Vingt blancs y périrent.

La cargaifon de ce vaiffeau ne confiftoit pas feulement en riz ; on avoit acheté, en fraude, à Madagafcar, un grand nombre de Nègres. Dès que l'on vit le danger, de peur qu'ils n'échappaffent, on les enferma fous les *Écoutilles*, que l'on cloua. Les Écoutilles font des ouvertures quarrées faites au tillac, en forme de trape, par où l'on defcend dans l'intérieur du vaiffeau.

Cette fermeture coûta la vie à un grand nombre de ces pauvres gens, dont pas un n'eût péri, fi on avoit ouvert leur prifon. Il y en eut plufieurs coupés en deux, par des endroits de la carcaffe, qui s'ouvroient & fe refermoient tout-à-

coup. Comme, en général, ce sont
de bons nageurs, ils eussent tous
infailliblement échappé au danger.
On en peut juger par le trait suivant.

Pendant le naufrage, malgré la
fureur des flots, des lames faisant
coffre, & des brisans qui écrasoient
les meilleurs nageurs, on vit une
Négresse se sauver, à la nage, avec
son malheureux enfant, attaché sur
son dos, à la manière de son pays,
& gagner l'Isle de sable.

M. Kaudick lui-même, Écrivain
sur ce vaisseau, tout fort & intrépide qu'il étoit, pensa y perdre la
vie. Epuisé de fatigue, à force de
lutter, à la nage, contre les brisans
qui le suffoquoient, allant & venant
au milieu de furieuses lames, il eut
le bonheur de s'accrocher à une
grande planche de sapin. A peine y

étoit-il, qu'un Nègre, qui se noyoit, voulut la partager. Avec deux coups de pied, M. Kaudick lui ôta le reste de ses forces.

Cependant un Matelot, tout sanglant, venoit, à la nage, vers cette planche, n'en pouvant plus & criant au secours. Il y fut reçu & sauvé. L'Officier l'ayant quittée, à cause d'une lame, chargée d'une barique, toute prête à l'écraser, sous laquelle il plongea, fut enfin porté au rivage, tout dégoutant de sang & à demi-mort, &c.

Il est évident, par cette Relation, que ce naufrage eut lieu, tout près de terre, qu'on se noyoit, tout à la nage, suffoqué par les brisans, & que le premier *Va & Vient*, qui eût achevé de sauver tout l'équipage, ne put s'établir, à cause de

la fureur des flots, qui ne permettoient pas aux nageurs, trop occupés de leur confervation, de faire
aucune autre manœuvre.

Avec une vingtaine de Scaphandres, plus ou moins, tous ces inconvénients euffent difparu. Ces
habits tiennent debout, à flot, tout
le bufte hors de l'eau ; quand on en
eft revêtu, abandonné aux eaux,
nageur ou non, épuifé de fatigue,
on ne peut couler bas ; les vagues,
qui fe brifent, n'empêchent qu'un
moment de refpirer ; la tête en eft
bientôt dégagée.

On peut donc penfer à toute
autre manœuvre qu'à fa confervation ; les mains, les bras, & fur-
tout la tête en liberté, peuvent fe
porter à d'autres opérations. En ce
cas-ci, le *Va & Vient*, qui eût rendu

tant de services, se feroit établi sans trop de difficulté. Par ce moyen, beaucoup de vivres perdus euffent été repêchés, & l'on eût recueilli, durant & après la tempête, beaucoup de matériaux, propres à faire des barques ou de fimples radeaux. Tout en travaillant, on eût pû aller & venir, en marchant à flot, fans fe fervir de fes mains, que l'on eût occupées à toute autre chofe qu'à nager, comme on me l'a vu faire à moi-même. Quoique, dans mes expériences l'eau fût calme, la différence, dans un gros tems, n'eft effrayante que pour l'imagination : le Scaphandre, tenant l'homme de-bout, eft dans un parfait équilibre, monte avec la Houle & defcend avec elle ; précifément comme fait un vaiffeau ; mais avec cette diffé-

rence que celui-ci peut chavirer &
couler bas, & que l'homme, en-
veloppé d'un Scaphandre, revient
incontinent, tout debout, à la furface des eaux.

En un mot, puifque tant de perfonnes fe fauvèrent de ce naufrage,
par leurs propres forces, que n'au-
roient-elles pas fait avec une machine, qui les eût tenus, à flot, tout
debout, fans fe donner aucune peine,
en leur permettant même de travailler & de marcher à la nage?

Le Scaphandre eût fait plus. Après
le naufrage, il en eût fauvé un grand
nombre des horreurs qui le fuivirent.
Dès le premier Août on s'occupa à
recueillir les vivres & les débris du
vaiffeau, que la lame portoit à terre.
Avec l'habit, dont je montre ici la
conftruction, on n'eût point été

obligé d'attendre le service de la lame ; on eût été se promener, dans la mer, aussi loin que l'on eût voulu, pour y ramener ou pousser à terre tout ce qu'on eût rencontré des débris du vaisseau. On en auroit plus promptement construit des barques ou des radeaux, pour regagner Madagascar, à quatre-vingt lieues de-là ; sans compter les avantages de la Pêche, que ce corselet eût procurés, pour vivre de poissons frais.

Les matériaux rejettés à terre avec trop de lenteur, on fut jusqu'au 26 Août à finir un bateau de retour. Les Nègres, animés par l'espérance de cette ressource, rendirent des services incroyables. Il faut croire que ce vaisseau & les vivres étoient insuffisans, pour ramener tout le monde. Dès que les Blancs y furent embarqués, on coupa, à coups de hache, le cable qui retenoit ce bateau à la terre, & l'on arriva, le premier Octobre, à Madagafcar, avec la perte d'un feul homme dans la traverfée.

Les Nègres, hommes, femmes & enfans, furent impitoyablement abandonnés, manquants de tout, fur une Ifle, où il n'y avoit que roc & fables, fans arbres, fans arbuftes, fans herbes quelconques; elle ne leur offroit qu'un puits d'eau douce & des œufs d'oifeaux. Le long défefpoir de ces infortunés eft inexprimable; les plus forts furent réduits à manger les plus foibles. On apprit ces horreurs par quelques-uns d'entr'eux, qui revinrent à Madagafcar. Des reftes des débris, ils s'étoient fait, après bien du tems, un méchant Radeau , avec quoi ils ſe rendirent dans leur Patrie , & ne ceſſoient d'offrir , en leur propre perſonne , le tableau des belles vertus , où n'aboutiſſent que trop ſouvent les arts des Peuples civiliſés.

Les Scaphandres auroient rendu de bien plus grands ſervices dans le naufrage du *Prince*.

Naufrage du Prince , *vaiſſeau de la* Compagnie des Indes , *le 26 Avril 1752, ſous la latitude de 8 dég. 30 min. long. 355 dég.*

On avoit deſtiné ce vaiſſeau pour Pondichéry. Il étoit commandé par M. Morin , & chargé de riches préſens, de Soldats, de quelques femmes & jeunes demoiſelles , d'une troupe de Comédiens , &c. Son premier départ,

part, du 19ᵉ Novembre 1751, ne fut point heureux ; après avoir appareillé de la rade du Port de l'Orient, il fut obligé d'y rentrer au bout de huit jours, & n'en repartit que le 10ᵉ Mars 1752.

Le 26ᵉ Avril de la même année, vers la latitude 8 dég. 30 min., longitude 355 dég. on observa que le feu étoit dans la *Cale*, c'est-à-dire, dans la partie la plus basse du vaisseau, où l'on met les munitions, les marchandises, &c. à l'endroit du charbon. Si, à l'ouverture des écoutilles, on eût inondé cette partie, on eût pu se sauver ; mais l'introduction d'un nouvel air ayant animé le feu, la tête tourna presqu'à tout le monde. Le célèbre M. de la Touche arma vainement soixante à quatre-vingt Soldats, pour con-

P

tenir l'équipage. Tout fe confondit.
La confternation fut fi générale,
qu'on ne put mettre les bateaux ni
les canots à la mer ; il falloit donc
périr ou par le feu ou par l'eau.
Cages, vergues, planches, barils,
&c. font jettés à la mer, pour fervir
de refuges. Le grand mât, à peine
tombé, fe trouve chargé de monde,
fous le feu des canons, dont l'incendie faifoit la décharge. Deux
jeunes demoifelles s'y trouvoient,
& y périrent avec tant d'autres.

Cependant la *Yole*, que l'on
avoit pu mettre à la mer avec
quelques avirons, fervoit de refuge à fept hommes, & n'en pouvoit guère recevoir davantage. Au
milieu de tout ce bouleverfement,
des cris effroyables des hommes,
& des hurlemens des animaux brû-

lans tout vifs, M. de Lafond, Lieutenant de ce vaiffeau, Auteur de la
Relation de fon naufrage, refté feul
fur le pont, après avoir donné les
ordres qu'il pouvoit, expofé, à
chaque inftant, à fauter avec le
vaiffeau, dont l'incendie alloit
mettre le feu aux poudres, fe pré-
cipita enfin dans la mer, roulant
fur une vergue chargée de monde.
Un Soldat, qui fe noyoit, l'accrocha ; il ne put s'en débarraffer qu'en
plongeant trois fois. Paffant enfuite
de vergue en vergue, jufqu'au grand
mât, qui flottoit couvert de monde,
il y refta trois heures. A cinq heures
du foir, il fut reçu dans la yole,
avec le Pilote & le Maître.

Ces dix hommes s'éloignèrent incontinent du vaiffeau, qui alloit
fauter & finir la tragédie. Après

l'explofion, ils revinrent fur la place. Une barique d'eau-de-vie, quinze livres de lard falé, une pièce d'écarlatte, vingt aunes de toile à quatre fils, douze douves de bariques & quelques cordes, furent tout ce qu'ils purent recueillir de ce naufrage.

Ils étoient à près de deux cents lieues de terre, de toutes parts, & voguèrent, prefque tout nuds, huit jours & huit nuits, brûlés du foleil & dévorés par la foif ; à l'exception du fixième jour, qu'une petite pluie vint les foulager. Accablés d'infomnie & de mifères, un coup d'eau de-vie, de tems en tems, les foutenoit. Enfin, près de fuccomber, ils découvrirent terre, le 3e Mai 1752. A deux heures après midi, ils abordèrent à la côte du

Bréfil, fous la domination des Portugais, dont la commifération &
les bons procédés leur fauvèrent la
vie, &c.

En réfléchiffant fur les différentes
circonftances de ce naufrage, on
voit que la tête tourna prefqu'à tout
le monde, uniquement parce qu'on
fe vit fans reffource. Il n'y avoit
point-là de tempêtes, ni de gros
tems ; le danger ne fut point fubit ;
on eût plus de trois heures devant
foi. En jettant, fur le champ à la
mer, tout ce qui pouvoit fervir à
faire des radeaux, en abbatant les
mâts, & en fauvant l'eau fraîche,
avec des Scaphandres, qui euffent
un peu raffuré, les plus difpos &
les plus adroits euffent pu, tout à
la nage, conftruire des réfuges,
pour fauver le refte de l'équipage &
les vivres. P iij

Car, puisqu'au moyen d'une nacelle auffi frêle qu'une yole, les dix hommes qu'elle reçut furent fauvés, étant aux abois ; que n'auroit-on pas dû attendre de vivres confidérables, fauvés fur des radeaux, d'une toute autre confiftance, qu'un très-petit batelet, où dix perfonnes pouvoient fe tenir à peine ?

Quand un vaiffeau eft pourvu de Scaphandres, & que le naufrage eft à craindre ou même jugé inévitable, voici ce qu'il faut faire bien entendre aux gens de l'équipage ; c'eft qu'ils ont toujours une reffource, qui ne peut leur manquer. Cela raffurera leur tête, & les mettra en état de défendre leur maifon jufqu'à la dernière extrêmité.

On auroit encore mieux réüffi, avec des Scaphandres, à fauver tout l'équipage du *Bourbon*, que celui du *Prince*.

Naufrage du Bourbon (1), *le 12 Avril 1741, à cinq heures & un quart du matin, commandé alors par M. le Comte de Boulainvilliers* (2).

Je n'ai pu m'en procurer qu'une tradition orale, c'est-à-dire, non écrite, mais transmise de bouche en bouche. Il n'y en a point de relation imprimée, au moins que je sçache. Sans une lettre, que m'a fait l'honneur de m'écrire, à ce sujet, M. de Morogues, Lieutenant-Général des Armées Navales du Roi,

---

(1) Quelques relations l'appellent le *Royal-Bourbon.*

(2) On m'a dit qu'il s'appelloit *César de Boulainvilliers.*

échappé ou plutôt fouftrait à ce naufrage, ma defcription n'auroit d'autre fondement que la voix publique ; car ce naufrage devint très-fameux dans la bouche des Français ; & même M. de Morogues ne m'en parle que de mémoire. Sa lettre étant datée de fon Château de Villefalliers, à Cléri-fur-Loire, le 19ᵉ Octobre 1774, il n'a pu être à portée de confulter des papiers, laiffés à Breft, où il avoit écrit, dans le tems, un grand nombre de particularités, rélatives à cet accident.

Le *Bourbon*, vaiffeau du Roi, de foixante-quatorze canons, d'environ fix cents foixante-dix hommes d'équipage, dont treize à quatorze Officiers, & cent vingt Soldats, fans troupes de débarquement, commandé, à fon départ, par M. de Radouay, Chef d'Efcadre, faifoit partie de l'Efcadre de feu M. le Marquis d'Antin, compofée de deux divifions, l'une de Toulon & l'autre de Breft. Elles mirent à la voile, pour une expédition fecrète, au commencement de Septembre 1740, & rentrèrent, la première à Toulon, le 15e Avril 1741, & l'autre à Breft, le 18e du même mois.

En touchant à la Martinique, M. de Radouay y mourut (1), le 2e Novembre 1740, & M. le Comte de Boulainvilliers lui fuccéda dans le commandement du Bourbon. « En » partant de Saint-Domingue, dit » M. de Morogues, ce vaiffeau fai-

______

(1) D'autres relations difent que ce fut, en paffant de la Martinique à Saint-Domingue.

» foit très-peu d'eau ; une pompe
» lui fuffifoit , & l'on ne pompoit
» que peu de tems. L'eau augmenta
» aux Açores (1). On remédia à
» quelques voies , & il ne paroiffoit
» encore aucun danger ; mais le gros
» tems , que l'on éprouva depuis le
» commencement d'Avril , ouvrit
» beaucoup de voies à la flottaifon
» & au-deffous. Il fut impoffible de
» remédier à celles-ci , qui augmen-

―――――――――――――――

(1) Les *Açores* , au nombre de neuf , font des Ifles de l'Océan , comprifes entre les 36 & 41ᵉ dégrés de Lat. Septent. reconnues , en partie , l'an 1448 , par Don Gonzalo Vello , du Royaume de Portugal , à qui elles appartiennent , & furent ainfi nommées de la quantité de Vautours qu'on y trouva ; car *Açor* , en Efpagnol & en Portugais , fignifie *Vautour*. Dict. de la Martin.

» toient toujours ». M. de Morogues
ne m'a point dit que, par un des plus
grands malheurs, une brume ou
un brouillard fort épais avoit alors
féparé le Bourbon de l'Efcadre.
« Après avoir tenu Confeil, le 9, il
» fut réfolu de courre à terre, & de
» joindre la première que l'on ren-
» contreroit. On fe faifoit alors en-
» viron à fix lieues de Finiftère, au
» Sud-Eft.

» Dès ce moment on arma fept
» pompes, & l'on fit cinq puits, où
» l'on diftribua tout l'équipage, qui
» ne changea de travail, que dans la
» néceffité d'une autre manœuvre.
» On portoit des vivres à chaque
» pofte. On paffa, fous le vaiffeau,
» des *Bonnettes lardées* (1). On

____

(1) *Bonnettes*, diminutif de bon. Ce font

» jetta à la mer le canon de la fe-
» conde batterie & des gaillards,

---

de petites voiles, dont on fe fert, lorfqu'il y a peu de vent : c'eft-là le fondement de leur dénomination ; parce qu'alors elles font *un peu bonnes.*

Les *bonnettes lardées* font une pratique des Calfateurs. Quand un vaiffeau a une voie d'eau, & qu'ils ne connoiffent point l'endroit où elle eft, pour la trouver ils lardent une *bonnette* avec de l'étoupe, qu'on pique fur la voile, avec du fil à voile. Après avoir mouillé la *bonnette*, ils jettent de la cendre ou de la pouffière fur ces bouts de fil de caret & d'étoupe, afin de leur donner un peu de poids, pour faire enfoncer la *bonnette* dans l'eau.

En cet état, ils la defcendent dans la mer, & la promènent à ftribord & à bas-bord, c'eft-à-dire, à droite & à gauche de la quille, jufqu'à ce qu'elle fe trouve oppofée à l'ouverture, qui eft dans le bor-dage, & qui forme la voie d'eau ; car alors

» excepté un pour les fignaux. On
» ne réferva qu'une feule ancre ;
» enfin, on fit humainement & pru-
» demment, tout ce que des gens
» du métier peuvent faire, pour
» conferver un vaiffeau, qui eût
» coulé bas, peut-être, vingt-quatre
» heures plutôt, fi l'on fe fût amufé
» à faire des radeaux, qui auroient
» fait quitter le travail des pompes.
» Ce travail forcé dura deux jours
» & trois nuits. On ne vit la terre
» que le 11 au foir. A huit heures
» il y avoit quatre pieds d'eau dans

---

l'eau, qui coule pour y entrer, pouffe la
bonnette contre le trou ; ce qui fe connoît
par une efpèce de gazouillement ou de
frémiffement, que font la *bonnette* & la voie
d'eau. Les Matelots, pour exprimer ce
bruit, difent que la *bonnette fupe.* Dictionn.
Encycl.

» le vaisseau, & douze à minuit.
» Alors le vaisseau ne gouvernoit
» plus, & enfonçoit sensiblement.
» Il coula bas, le 12, à cinq heures
» & un quart du matin, une demi-
» heure après que le grand canot
» eut été mis à la mer. Le petit
» étoit parti une heure avant. Le
» grand, étant à peu de distance,
» en arrière du vaisseau, le vit dif-
» paroître, & ne trouva pas un
» homme à sauver ».

J'ai oui-dire que le tourbillon ou
le gouffre, occasionné par le vaisseau qui s'abîmoit, fut si violent,
que la commotion en passa jusqu'au
grand canot. On ne m'a point dit
dans lequel des deux M. le Comte
de Boulainvilliers força d'entrer son
fils, qui vouloit mourir avec lui.

« Il n'y eut, dans ce vaisseau,

» continue M. de Morogues, malgré
» le plus grand & le plus évident
» danger, nul murmure. On y ob-
» serva la plus grande subordination.
» Je ne puis trop admirer l'extrême
» sang-froid des Officiers qui com-
» mandoient, & l'obéissance des
» Soldats & des gens de l'équipage,
» qui cherchoient à découvrir, dans
» la contenance des Officiers, le
» sentiment qu'ils avoient du dan-
» ger, & qui se rassuroient par leur
» fermeté. Il faut, ajoute très-judi-
» cieusement M. de Morogues, être
» dans un pareil accident, & y con-
» server sa tête, pour en juger ».

Il n'y eut que trente-quatre personnes soustraites à ce naufrage,
moyennant les deux canots (1), où

____

(1) Je tire aussi cette circonstance d'un

n'entrèrent que les Officiers ou Gardes-Marine, que le Capitaine nomma pour aller chercher du secours à terre, avec quelques Mate-

---

voyage, fait, par ordre du Roi, à la côte d'Espagne, pour déterminer, par des observations astronomiques, la position des Caps Finistère & Ortégal, en 1751. Hist. de l'Acad. des Sciences, année 1768, page 282, cinquième Alinea, par M. de Bory, Chef d'Escadre, & de l'Académie Royale des Sciences.

« C'est vers Courouvelle & vers le Mont
» Lauro, dit M. de Bory, qu'abordèrent
» les deux canots, qui portoient les trente-
» quatre hommes, échappés du naufrage
» du vaisseau du Roi le Bourbon. Ce bâ-
» timent, commandé par feu M. de Bou-
» lainvilliers, & faisant partie de l'Escadre
» de feu M. d'Antin, périt, le 12ᵉ Avril
» 1741, à la vue du Cap Finistère, & des
» pointes que je décris ».

lots

lots néceſſaires à la manœuvre. Cinq
cents dix-ſept hommes, auxquels
étoit réduit l'équipage, y périrent
ſans exception, tous braves gens,
dans l'ame deſquels avoit paſſé celle
de leur Commandant.

Quelle perte ! Avec des Scaphandres on eût tout ſauvé. Il n'y avoit
d'autre accident que des voies d'eau,
la mer n'étoit point groſſe, & le danger ne fut point ſubit. Si l'on eût
pu compter ſur cette reſſource, on
avoit tout le tems de jetter à la mer
des matériaux, qui auroient ſervi
à conſtruire, tout à la nage, des
radeaux, où ſe feroient réfugiés
les hommes ſans Scaphandre. Le
rivage n'étoit point eloigné ; on
ſeroit bientôt venu au-devant d'eux,
dès que les canots ou les Scaphandriers en euſſent donné avis.

Q

Aujourd'hui, dans de pareilles circonſtances, la perte d'un ſeul homme ne pourroit être attribuée qu'à une négligence très-condamnable ; puiſqu'avec une cinquantaine de Scaphandres, qui feroient très-peu d'encombrement dans un grand vaiſſeau, & même dans un médiocre, on pourroit ſe procurer des réfuges infaillibles, qui ſauveroient des hommes fort précieux à l'Etat, & encore plus à l'humanité.

7°. Pour apprendre à nager tout, ſeul, d'une manière ſûre, & en fort peu de tems.

Avec le Scaphandre on eſt à flot, on marche, & on manœuvre tout debout ; les nageurs ordinaires ſont ſur le ventre, &, dans les eaux cou-

rantes, apprendre à nager, tout
seul, est un éxercice assez dangereux.
Il semble que ce corselet devroit
lever toutes les difficultés, & faire
disparoître tous les inconvéniens.

On a raison. Au lieu des cinq
rangs de Liége, attachés fixément
sur la première toile, au-dessous
des échancrures, mettez-les séparément sur des bandes, en forme
de ceintures, amovibles suivant
le besoin. Il seroit mieux, mais il
n'est pas absolument nécessaire, que
ces pièces de Liége, en ceinture,
soient recouvertes d'une autre toile;
pourvu qu'elles soient bien assurées
sur la première.

Que le Novice ou l'apprenti,
revêtu d'un habit de bain, se ceigne
une de ces bandes, le plus haut qu'il
pourra, sur la poitrine, sans trop

gêner les aiffelles ; qu'il en mette de même deux ou trois autres au-deffous, dont la dernière tienne à la vefte de bain ou au Pantalon, avec quelques agraffes ou quelques cordons.

Après être entré dans l'eau jufqu'aux hanches, qu'il s'y jette hardiment fur le ventre : il ne pourra d'abord couler à fond ; &, s'il a devant lui un bon nageur, qu'il puiffe imiter, en moins d'une demi-heure, la confiance fera établie, & il pourra cheminer, fans trop s'éloigner du rivage.

S'il continue à fe fentir bien affermi, qu'il revienne au bord, où il ôtera la plus inférieure de fes ceintures, pour retourner à l'éxercice. Il apprendra de plus en plus à fe foutenir fur l'eau par fa propre induftrie, & à faire bien concerter les mouvemens de ſes pieds & de ſes mains, en imitant ſon modèle. S'il en manque, il apprendra un peu plus lentement ; l'éxercice & la confiance feront ſes maîtres.

Il diminuera ainſi, par dégrés, ſuivant ſes forces acquiſes, le nombre de ſes ceintures, juſqu'à ce qu'il puiſſe entièrement s'en paſſer. Comme les ſecours étrangers ne diminuent ici qu'à proportion de l'induſtrie augmentée, la confiance eſt toujours la même, & n'eſt plus, à la fin, qu'en ſes propres forces.

Tous les autres moyens d'apprendre, & de ſe perfectionner dans l'art de nager, m'ont paru fort inférieurs à celui-ci ; quelques-uns même ne ſont pas ſans danger.

Cependant, ſi l'on vouloit conſulter les Auteurs qui en ont écrit,

je vais, en indiquant leurs ouvrages, m'y arrêter un peu. On y
aura la confirmation de ce que j'ai
dit, au commencement de ce livre,
fur le préjugé que j'y combats, défendu & accrédité par ceux mêmes
qui devoient le détruire : car ils
auroient dû commencer leur Traité
par la queftion de fçavoir, fi
l'homme, fans la peur, nageroit
(la première fois qu'il tombe ou
qu'il fe jette à l'eau) auffi naturellement que les quadrupèdes connus :
mais, au lieu de mettre la chofe en
queftion, ils la fuppofent; ainfi
qu'on le verra bientôt dans les
trois feuls Ecrivains, que j'aie pu
découvrir fur cette matière, un
Français, un Anglais & un Hollandais, que je vais mettre fous les
yeux du Lecteur, fuivant l'ordre

des tems, en remontant du plus proche au plus éloigné.

L'art de nager par Thévenot, Français.

Cet ouvrage *in-*12. rempli de figures, ainsi que de tours de force & d'adresse dans *l'art de nager*, fut imprimé, à Paris, en 1696, chez Thomas Moette. « Il n'y a rien de » plus injuste, dit l'Auteur, page 1 » & 2, que la plainte des hommes, » qui reprochent à la nature de leur » avoir refusé la faculté de nager, » sans le secours de l'art ; puis- » que l'on ne peut pas douter que » *l'homme ne nage naturellement,* » *comme une infinité d'animaux,* & » qu'il ne le fasse d'une manière » beaucoup plus parfaite & plus di- » versifiée, tant pour son plaisir que

Q iv

» pour son utilité. Si cela n'étoit
» pas, on n'en verroit pas un si
» grand nombre s'acquitter de cet
» éxercice avec une adresse admi-
» rable, qui fait connoître qu'il a
» pour cela toutes les dispositions
» requises & nécessaires ».

Des dispositions ? Sans doute.
Voilà ce qui est naturel. On en convient de part & d'autre : mais nager
tout-à-coup, la première fois que
l'on tombe ou que l'on se jette à
l'eau, comme font les quadrupèdes,
c'est-là le point de la contestation,
sur laquelle nous avons pris le parti
de la négative absolue, pag. 3 &
suiv. & ce que nous croyons avoir
porté jusqu'à la démonstration.

« Si l'homme, poursuit Thève-
» not, a les dispositions qu'il faut
» avoir pour nager, pourquoi donc

» les hommes ne nagent-ils pas tous
» également ? Il est aisé de répondre,
» ce qui est très-véritable, qu'ils
» nageroient tous, sans distinction,
» & qu'ils jouiroient du bonheur,
» qui leur est aussi naturel qu'aux
» autres animaux, s'ils n'en étoient
» pas détournés par des mouvemens,
» qu'ils ne maîtrisent point, comme
» ils le devroient ; tels que sont les
» mouvemens de *frayeur*, d'impa-
» tience, de promptitude, & de
» prévention mal fondée, qui les
» rendent inhabiles à profiter de la
» perfection qu'ils possèdent. Un té-
» moignage de cette vérité est que
» ceux qui ont eu assez de pouvoir
» pour s'en dépouiller, ont nagé de
» tout tems, & ont fait, en nageant,
» des choses surprenantes, que font
» encore aujourd'hui ceux qui les
» ont imités ».

On répond à Thévenot que cela se fait par art, & non naturellement, sans l'avoir jamais appris.

« Si les hommes vont au fond de
» l'eau, dit le même Auteur, page
» 40, c'est par leur faute ; car natu-
» rellement ils n'y devroient point
» aller ». Thévenot fait ici une af-
sertion très-téméraire. Les hommes,
plus pesants qu'un pareil volume
d'eau, comme il y en a, vont naturellement au fond de l'eau. « En
» effet, nous voyons, continue
» l'Auteur, qu'il faut qu'ils se fassent
» quelque violence pour y aller ; il
» y a même de l'adresse à aller au
» fond sûrement, promptement, &
» de bonne grâce, &c. »

C'est pour aller plus vîte qu'ils
n'iroient naturellement. D'ailleurs
ce ne sont-là que des accessoires,

qui ne touchent point directement à l'objet de la queſtion.

Pour relever les avantages de l'art de nager, dans l'homme, Thévenot cite, dans ſa Préface, l'éxemple de Céſar, « lorſque ſe trouvant » près de ſuccomber ſous l'effort de » Ptolomée, Roi d'Egypte, qui » l'avoit attaqué en trahiſon (en » ſurpriſe) dans Aléxandrie, il ſe » jetta tout armé, du haut du rempart, dans la mer, & gagna, à » la nage, ſes vaiſſeaux, avec leſ- » quels il revint combattre Ptolo- » mée, qui fut tué, & Cléopâtre » déclarée enſuite Reine d'Egypte ».

Il dit encore, au même endroit, que les Romains avoient un corps particulier de Plongeurs, qu'ils appelloient *Urinatores* ; que chaque vaiſſeau de guerre avoit ſon Plongeur, chargé principalement du foin des ancres & des cables, de même que nos Boffemans.

Il ajoute que Pline rapporte, Liv. 2 de fon Hiftoire Naturelle, que ces Plongeurs couloient de l'huile dans leur bouche, pour avoir la refpiration libre fous l'eau (affertion bien hafardée, pour ne rien dire de plus), & qu'ils lâchoient, de tems en tems, de cette huile, qui leur fervoit pareillement à leur donner du jour. Autre affertion de la même efpèce que ci-deffus, &c.

Thévenot affure que fon livre eft le premier ouvrage, qui ait paru, en notre langue, fur cette matière, & qu'il ne connoît que deux Auteurs, qui en aient parlé avant lui, Everard Digby, Anglais, dont il s'eft fervi, & Nicolas Winman, Hollandais.

*L'art de nager par Everard Digby,
Anglais.*

Thévenot n'a guère fait que tra-
duire Digby, dont l'ouvrage, en
Latin, eſt intitulé, *De arte natandi
libri duo, quorum prior regulas ipſius
artis, poſterior praxim demonſtratio-
nemque continet ; Auctore Everardo
Digbeîo, Anglo, in Artibus Magiſtro.
Londini excudebat Thomas Dawſon,
1587.* C'eſt-à-dire, l'art de nager,
diviſé en deux livres, dont le premier contient les règles de cet art,
& le ſecond en offre la pratique
& la démonſtration. Par Everard
Digby, Anglais, Maître - ès - Arts.
A Londres, de l'Imprimerie de Thomas Dawſon, en 1587.

Voyez-en le chapitre 7 du pre-

mier livre. Deux Interlocuteurs, N &
G, y raisonnent sur les effets du nager,
par rapport à l'homme. G avance
cette proposition, *homo natat naturâ
adjuvante...* L'homme nage à l'aide de
la nature. Cela n'est pas bien précis,
l'Auteur veut dire que l'homme nage
naturellement, sans l'avoir jamais
appris. N lui répond, *quare ergo
tam cito omnes pene periclitantes in
aquis descendunt fundum versus, &
pereunt illicó?* Ce qui signifie, pourquoi donc presque tous ceux, qui
tombent dans l'eau, pour la première
fois, coulent-ils sitôt à fond, & y
périssent snr le champ? La réponse
de G n'est point aisée à prévenir :
*Id partim fit, ait ille, præ erectâ pro-
cerâque hominis figurâ, cujus pedes
terram ut premant cum à naturâ sint
destinati, sicut armata ferro sagitta li-*

quidô descendit in amnem, cui ferrum si forte adimas, ipsa summâ illicô natat aquarum superficie; ita pol quidem aquas semel immersus homo, si se in longum extenderet, similique positione uteretur, sive casu illud foret, sive consilio, neutiquam immergeretur.

« Cela vient en partie, dit l'Interlocuteur G, de la figure de l'homme, qui se tient droit sur ses pieds. Comme la nature les a destinés à fouler la terre, ils vont la trouver, de même qu'une flèche, armée de fer, descend tout de suite au fond de l'eau; mais s'il arrive quelle perde son armure, elle revient, sur le champ, nager à la surface. Il en arriveroit très-certainement la même chose de l'homme submergé; s'il venoit, dans cette position, par hasard ou

» à deffein, à s'étendre en long,
» comme la flèche, il ne refteroit
» jamais fous les eaux ».

Quelle Phyfique ! On croiroit, à entendre l'Auteur, que les pieds font plus lourds que la tête, que tous les hommes font plus légers qu'un pareil volume d'eau; &, parce qu'on a obfervé des gens, qui fe noyoient, revenir plufieurs fois à la furface des eaux, il en conclut que l'homme nage ou plutôt furnage naturellement ; car c'eft à quoi fe réduifent les paroles fuivantes.... *Nec vero natandi imperitus, ad fundum ufque demerfus, ibi fe diu retinere poteft ; quin reluctante feipfo ac renitente, ad fummas aquarum bis terve afcendit. Quæ quidem omnia apertè docent hominem natare fummis aquarum, adminiculo naturæ.*

Un

Un homme, qui se noye, perd la tête; il se débat irrégulièrement, en luttant contre la mort. Si ses impulsions le dirigent ou le portent à la surface, il y revient; s'il refoule l'eau de haut en bas, il replonge, & ainsi plusieurs fois de suite, jusqu'à la suffocation.

Après la mort survient la putréfaction. Alors les humeurs fermentantes enflent le cadavre, ou lui donnent plus de volume; répondant, par-là, à une plus grande masse d'eau, il en est renvoyé comme plus léger; & c'est la seule & unique raison, pour laquelle les cadavres surnagent; jusqu'à ce que ces humeurs en expansion, s'échappant enfin par les pores, les crevasses ou les ruptures, le réduisent à un plus petit volume, qui

R

le précipite à fond, fans retour.

Le Lecteur s'eſt apperçu, ſans doute, qu'on ne peut tirer, de ſemblables Auteurs, que des idées vagues, indéterminées, faſtidieuſes. Je vais donc me hâter de finir cet article, par un Ecrivain malheureuſement plus ſtérile encore que les précédents.

L'art de nager par Nicolas Wynman, Hollandais.

Cet Auteur, Profeſſeur de Langues, à Ingolſtad, en Bavière, publia, en Latin, vers l'an 1538, un fort petit livre, intitulé, *Colymbetes* (1), *ſive de arte natandi dia-*

---

(1) Mot Grec, dérivé du verbe *Co-lymbao, nato, aquas ſubeo;* je nage, je vais ſous les eaux.

logus, & festivus & jucundus lectu,
ut ait ipsemet Auctor. Sans nom
d'Imprimeur, sans lieu d'impression,
sans chapitres, sans paragraphes, &
même sans numéro de pages.

On ne doit pas attendre grand'-
chose d'un Ecrivain, qui a la bon-
homie d'annoncer, lui-même, son
travail sur *l'art de nager, comme un
dialogue jovial & agréable à lire.*

Je ne connois rien au monde de si
plat, de si trivial, de si rustique.
Ses digressions historiques ne sont
presque jamais de son sujet, ou n'y
rentrent point. Ce sont des fables,
des superstitions, des triviales &
fastidieuses moralités. Il n'y a pas
une seule observation originale ; si
ce n'est, peut-être, au folio 10, où
il dit expressément, *juvabat, nescio
quo pacto, meum conatum aqua calida,*

quæ facilius sublevat corpus innatans,
quam frigida. Verè ne istuc ? Vel ex-
perto crede, &c. Ce qui signifie, « je
» ne sçais comment mes efforts
» étoient moins favorisés par l'eau
» froide que par l'eau chaude, qui
» soulève ou porte le corps nageant
» avec plus de facilité. Cela est-il
» bien vrai ? Vous pouvez m'en
» croire; j'en ai fait l'expérience ».

A-t-elle été bien faite ? J'en doute
fort; mais ce dont je ne doute aucunement, c'est du plaisir qu'a le
Lecteur de voir finir une histoire si
dénuée d'instructions solides.

A présent que nous voilà instruits
de la construction, des effets, & des
usages du Scaphandre, il est naturel
de porter plus loin sa curiosité. Le
moyen de marcher, tout debout,

dans les eaux les plus profondes & les plus rapides, comme d'y faire, à flot, toutes fortes de manœuvres, à fon aife, pourroit bien être, dira-t-on, un art abfolument nouveau. Avant cette invention, les petits bateaux ont pourvu, en partie, à tout cela ; fi ce n'eft qu'on n'en a pas toujours à fa portée, qu'ils font beaucoup plus embarraffants, & qu'ils peuvent être fubmergés.

Mais feroit-il poffible que les hommes, qui ont eu, de tout tems, un fi grand intérêt à parcourir les rivières & les mers, n'euffent rien imaginé de folide, avant le milieu du dix-huitième fiècle, pour affurer leur vie contre des dangers, qu'ils y trouvent de toutes parts ? On en va juger par l'hiftoire courte, fimple & très-fidelle des tentatives, qui ont précédé mon travail, & faites dans les mêmes vues que moi.

Histoire des travaux, sur le même sujet, qui ont précédé celui de l'Auteur.

Cette histoire, sans être abrégée, ne sçauroit être longue. Nous ne ferons point obligés de parcourir plusieurs milliers de siècles. En remontant de proche en proche, de la présente année 1773 (1), nous n'irons pas plus loin que 1741. Ce que l'on proposa, sous Louis XIV, de porter dans la poche (d'où il n'est jamais sorti) le secret de passer, sans péril, les plus grands fleuves & les mers les plus dangereuses, ne doit

---

(1) J'écris ceci le 6ᵉ Juillet 1773.

être d'aucune confidération. Je n'en dirai qu'un mot, pour indiquer comment cela fe peut faire, & le dégré de confiance que cela mérite. Nous ne verrons paffer en revue que cinq perfonnes, un Anglais, trois Français & un Allemand.

Jacket ou Jaquette de M. Wilkinfon, Anglais.

Lorfque l'Académie des Sciences m'eut fait l'honneur, en 1766, d'approuver le travail de mon Sca-phandre, on m'oppofa les *Jaquettes Anglaifes*, faites dans les mêmes vues que moi. M. Montaudoin, de Nantes, qui fçait fi bien partager fon tems, entre les Sciences & le Commerce, eut la complaifance de m'en apporter, lui-même, un modèle. Je jugeai, sur le champ, à la simple vue, que je n'en pourrois absolument rien faire, & que les nageurs étoient les seuls, qui en pussent tirer quelque secours.

Ce jugement fut bien confirmé, en 1767, par les Anglais mêmes. Nous eûmes, cette année là, une traduction Française d'un *Voyage autour du monde, fait, en 1764 & 1765, sur le Dauphin, commandé par le Chef d'Escadre Byron.* Chez Molini, Libraire, à Paris. Vous y trouverez, aux pages 216 & 217, le passage qui suit : « Le 26 Mars 1765, il re-
» connut l'Isle Masa-Fuero…. Quel-
» ques jours après, c'est-à-dire, du
» 26 au 30, pendant qu'on alloit
» prendre de l'eau pour la provision
» du vaisseau, les Matelots, com-
» mandés pour cela, avoient ordre

» de mettre des Jaquettes de Liége,
» lorsque la Houle étoit forte, pour
» aller & venir, en nageant des
» canots à la côte, & de la côte
» aux canots. Notre Commodore ne
» vouloit pas permettre qu'ils se
» missent à l'eau, sans ce secours,
» qui garantit du danger de se noyer ;
» pourvu qu'on ait seulement l'at-
» tention de tenir la tête hors de
» l'eau ; ce qui est aisé à observer ».

Si les Jaquettes Anglaises avoient
été bien conçues & bien faites,
l'attention de se *tenir la tête hors de
l'eau* n'eût pas eu besoin d'être re-
commandée. J'en ai vu moi-même
l'expérience dans un nageur, qui en
étoit revêtu. Il ne pouvoit se tenir
debout ; l'eau lui passoit le menton.
Il falloit qu'il en revînt à la méthode
ordinaire de nager sur le ventre ou

fur le dos. Ce qui eft bien différent des effets de mon Scaphandre, avec lequel on a l'avantage de marcher & de manœuvrer, tout debout, au milieu des eaux les plus profondes, fans pouvoir enfoncer que jufque vers la région des mamelles.

Au refte, M. Wilkinfon, qui n'a publié, là-deffus, ni principes, ni conftruction, ne fe dit point, & n'eft point véritablement le premier inventeur de ces Jaquettes; il y en avoit, en France, avant les fiennes. Feu M. de Mairan, un des Commiffaires de l'Académie des Sciences, nommés pour juger de la conftruction & des effets de mon Scaphandre, me communiqua, le premier Septembre 1765, un extrait des Regiftres de cette Académie, du 30ᵉ Juillet 1757, concernant un moyen de se soutenir sur l'eau, proposé par M. Gélaci, pour empêcher de se noyer.

Habit de M. Gélaci, Français.

Au lieu d'écailles, qui couvriroient un Gilet, supposez-le revêtu de morceaux de Liége équarris, qui n'y tiennent que par un bord ou par une petite face, sur laquelle ils puissent se mouvoir, comme sur une charnière ; afin qu'étant à flot, ils prennent & conservent une position horizontale ; de manière qu'alors l'habit en paroisse tout hérissé, & vous aurez une parfaite idée de cette invention.

M. Wilkinson n'a de commun avec M. Gélaci, que les vues & le Liége, dont tous les Pêcheurs se fervoient bien avant eux, pour foutenir la plus grande partie de leurs filets. Cette nouvelle conftruction paroît n'avoir été guidée par aucune théorie. L'Auteur a cru que ces morceaux de Liége devoient flotter dans l'eau horizontalement. C'eft la fource de plufieurs défauts dans fa machine.

1°. Le Liége, quand on fait ufage de cet Habit, fe tourmente beaucoup fur fes charnières, par les impulfions irrégulières de l'eau, d'où s'en fuit une affez prompte deftruction.

2°. Ces Liéges, flottans & ballottans, font expofés à s'accrocher à d'autres corps, au grand préjudice de l'effayeur ou du nageur.

3°. Ils préfentent un trop grand nombre de furfaces dans le mouve-

ment de progreſſion, & la rendent
par-là très-difficile. On fit très-bien,
quand on l'eſſaya, de prendre un
homme, qui ſçavoit nager ; autrement, à peine eût-il pu ſortir de ſa
place, dans une eau ſtagnante, & il
y eût fait bien difficilement des tours
de converſion.

Ajoutez à cela que les dimenſions
de ſes pièces de Liége & leur pe-
ſanteur ne ſont déterminées par
aucun principe. On ne ſçait ſur quoi
ſe régler, pour conſtruire de ſemblables machines. Auſſi la ſienne
eſt-elle reſtée là.

Il faut pourtant convenir que cette
imagination eſt aſſez originale, &
qu'elle ne paroît copiée ſur perſonne ; au lieu que celle de M. Wil-
kinſon, ainſi que la Soubreveſte de
Liége du ſieur Bonal, dont nous

allons parler, ne peuvent avoir, de ce côté-là, aucune prétention bien fondée.

Soubrevefte de Liége du fieur Bonal, Français, habitant de Dieppe.

Le fieur Bonal, fils de l'Auteur prétendu de cette Soubrevefte, cria beaucoup contre M. Wilkinfon & moi, au mois d'Octobre 1765, que les expériences de mon Scaphandre commençoient à faire du bruit. On m'en communiqua une lettre, dont je garde l'original, conçu en ces termes :

M O N S I E U R,

« Depuis plus de quarante année,
» mon pere a penffé húmainement a
» fauvér la vie dés homme dans lés

» naufrage, nous somme porteur
» dés sértificquas de la Cour qui
» prouve se lon travail. Cequi fait
» que seusse que vous manonssé ne
» trouvéfron auccune plasse dans le
» sain de la vérité, éttans de droit
» regardé comme dés imposteur;
» cette houvraje ne méritte pas
» avoir un pere remply de visse,
» sependans plusieurs chargé du
» crimme danvie veulle comme
» vous me marqué prendre cette
» qualité, je serai tousjour récla-
» mant contre cés sorte de pér-
» sonnes comme soutien dés droist
» pastérnélles; je ne peux pour le
» present méstandre plus loin; & sy
» ma presensse vous étét agréable,
» je vous prie Monsieur de me le
» marquér je compte estre soupeux
» a Paris je vous diray de vive voi

» la dreſſe pour avoir de cés ma-
» chine & leur prit ficce ».

J'ay l'honneur de vous préſentér touſte més reſpéc, &c…. *Signé*… BONAL, fils, Marchand à Dieppe; & pour date, de Dieppe ce 24ᵉ Octobre 1765. Elle eſt adreſſée à Mʳ Charle, rue des Jeuneurs, à Paris.

Cette lettre ne montre encore que des plaintes générales : mais le nom des prétendus Plagiaires eſt bien éxactement prononcé, dans une Gazette de Commerce de cette année-là. Voici la réponſe, que je fis, ſur le champ, à l'Auteur de cette Gazette, le 24ᵉ Octobre 1765.

MONSIEUR,

Dans la Gazette du Commerce, du Mardi, 22ᵉ Octobre de cette
année

année, le sieur Bonal, se disant Marchand à Dieppe, nous fait une imputation à M. Wilkinson, Anglais, & à moi, qui suis de France, comme si nous avions copié une *Soubreveste de Liége*, de la prétendue invention de son père.

J'ai ouï parler, mais je n'ai aucune connoissance (1) du travail de M. Wilkinson. Quant au mien, je déclare publiquement, puisque l'on m'y force, & je proteste que je suis l'Auteur, & le seul Auteur de mon *Scaphandre ;* que je n'ai copié personne, ni eu aucun modèle devant les yeux. La cupidité, la jalousie, ou l'envie de contredire peuvent m'en accuser, mais elles ne pourront jamais m'en convaincre.

____

(1) Je l'ai connu depuis.

S

1°. Pour confirmer des vues théoriques, j'ai fait des expériences dans la Seine, au-dessus de Paris, pendant trois ou quatre mois de cette année. Messieurs de l'Académie Royale des Sciences m'ont fait l'honneur de nommer des Commissaires pour en juger. Leur rapport n'est pas fait (1); toutes mes expériences ne sont pas consommées, à beaucoup près; celles que j'ai faites, je ne les ai point rendues publiques, ni par la voie des manuscrits, ni par celle de l'impression; il ne m'a pas été possible de les cacher absolument. Quelques Gazettes, quelques Annonces en ont parlé, sans mon attache, & contre mon aveu. Le sieur Bonal m'inculpe donc sur quelques

____

(1) Il a été favorable.

bruits publics, fans aucun éxamen
perfonnel, & c'eft le premier vice
de fon imputation.

2°. Vous employez le Liége, dit
le fieur Bonal, & ma Soubrevefte
eft de Liége ?

Il n'y a que Dieu, Auteur du
Liége. La matière première appar-
tient à tout le monde. Les draps
d'Elbœuf, de Lodève, de Van-Ro-
bais, &c. font tous de laine, &
néanmoins fort différents. Le Louvre & l'Hôtel-de-Ville de Paris font
bâtis de pierres, une Barque de Pê-
cheur & un vaiffeau de guerre font
également de bois. Le Louvre a-t-il
été copié fur l'Hôtel-de-Ville, & le
vaiffeau de guerre fur la Barque ?

3°. Le fieur Bonal prétend que fa
Soubrevefte eft inventée depuis près
de dix-fept ans, c'eft-à-dire, vers

1748, & qu'ainſi je ne ſuis pas l'inventeur de mon Scaphandre.

J'ignore ſi l'on concèvra cette concluſion : mais tous les Sçavans conviennent aujourd'hui que Newton & Léibnitz ſont également inventeurs du *Calcul différentiel.* Meſſieurs Boulduc & Geoffroi, Chymiſtes, trouvèrent le *Sel de Seignette*, ſans avoir eu aucune connoiſſance du travail l'un de l'autre. On découvroit, en Europe, l'Imprimerie & la Poudre à canon, lorſque les Chinois en étoient en poſſeſſion, depuis un aſſez grand nombre de ſiècles. L'invention d'un Particulier ſur un ſujet, n'eſt donc pas incompatible avec celle d'un autre ſur le même ſujet.

4°. J'ai, depuis dix-ſept ans, un privilége excluſif, renouvellé depuis ſix, ajoute le ſieur Bonal, pour la

conftruction & la vente des Soubreveftes de Liége.

Un privilége exclufif? Pour fa
prétendue Soubrevefte, fans doute ;
mais non pas pour mon Scaphandre
ni contre. Il n'y a point de privilége, bien entendu, qui défende
de faire autrement & mieux qu'un
autre.

5°. Quand j'ai dit, répliquera le
fieur Bonal, que les fieurs Wilkinfon
& la Chapelle n'étoient pas inventeurs des Habits de Liége, j'ai entendu qu'ils n'étoient pas les *premiers*
inventeurs ; que mon père les a
trouvés avant eux, & l'on ne peut
pas trouver ce qui eft trouvé.

Le fieur Bonal fe trompe de tous
points. Je ne fuis pas le premier
inventeur de fes Soubreveftes de
Liége ; mais je le fuis de mon Sca-

phandre. Cependant je puis avoir trouvé ce qui étoit trouvé, comme je puis penser ce que l'on a pensé.

Suivant le raisonnement du sieur Bonal, son père n'est pas l'inventeur de sa Soubrevefte. Les Pêcheurs se servent de Liége, pour soutenir leurs filets dans l'eau; tous les jeunes gens de Dieppe apprennent à nager avec du Liége. Cela est connu de tout le monde : mais, ce qui ne l'est pas de même, sans doute, est un livret *in*-12, d'environ 70 pages, intitulé *l'art de nager*, par Jean-Frédéric Backftrom (1), imprimé à Amfterdam, chez Zacharie Chatelain, en 1741, dans lequel la Sou-

____

(1) Dans cette même lettre, publiée par la Gazette du Commerce, au lieu de *Backftrom*, il y a *Fluys*, qui m'avoit été d'abord indiqué par inadvertance.

brevefte du fieur Bonal eft très-clai-
rement & très-éxactement décrite,
plus de fix ans avant l'époque du
privilége de cet Auteur prétendu,
qui l'a produite, fans mettre à
profit tous fes avantages, comme
je le ferai voir bientôt. Il y a joint
des nageoires auffi mal conçues que
mal appliquées ; de manière que fa
prétendue invention n'eft qu'un pur
plagiat, & un tatonnement aveugle,
dénué de toute théorie.

Je fuis, &c. A Paris, ce 24e Octobre 1765.

La Soubrevefte du fieur Bonal
ne diffère guère de la Jaquette de
M. Wilkinfon. Très-peu de perfonnes peuvent fe tenir debout, à
flot, avec l'une & l'autre, & encore moins y faire de grandes manœuvres. Le fieur Bonal n'ayant

aucune connoiffance de Phyfique, d'Hydroftatique, ni du corps humain, n'avoit rien prévu, ni pourvu à rien. Il eût fallu des contrepoids; & l'on voit évidemment, en confidérant bien fon travail, que, fi on ne lui en avoit pas fuggéré l'idée, il n'eût pas eu même affez d'induftrie, pour être un mauvais modèle.

Son fils avoit indiqué un magafin de fes Soubreveftes, rue S. Denis. Le Magafinier, qui m'en montroit une, me dit qu'il n'en avoit jamais eu d'autre, & que jamais on ne lui en avoit demandé. Je le crois bien. En mer, où les expériences font bien plus favorables que dans les rivières, M. le Marquis de Cruffol-d'Amboife, alors Colonel du Régiment de la Reine, Infanterie, m'a dit qu'en 1759, étant à Dieppe,

il avoit effayé une de ces Soubreveftes, & avoit jugé qu'à la longue
on feroit incommodé de leur fufpenfion. Des Officiers de ce Régiment, qui effayèrent auffi, en fa
préfence, ce même corfelet, pen-
fèrent y faire la culbute. Cela arrivera toujours à ceux qui, en pareil
cas, n'auront pas la plus grande
attention au *Centre de Gravité* du
corps humain.

M. le Comte de Puyfégur travail-
loit, dans le même tems, à faire
conftruire des corfelets de Liége ;
mais avec des vues bien plus éten-
dues ; ainfi que j'en ai déja préfenté
quelques traits.

Ceinture de Liége de M. le Comte de Puységur, Français, Lieutenant - Général des Armées du Roi de France.

Je reviens à la lettre, que cet Officier général me fit l'honneur de m'écrire, le 19ᵉ Septembre 1765, où il a la complaisance de m'expofer tout le détail de fon procédé fur ce fujet. « L'hyver de 1747 à 1748,
» le hafard, dit M. le Comte de
» Puységur, me fit tomber fous la
» main un livret *in-*12, intitulé fort
» improprement l'*art de nager*. L'Au-
» teur fait, de bonne foi, cette
» mauvaife plaifanterie fur le motif
» de fon ouvrage : il paroît ne l'a-
» voir entrepris qu'à caufe de la
» fignification de fon nom (Bach-

» ftrom), qui fignifie, en langue
» Allemande, *le courant d'une rivière,*
» à ce qu'il dit. Il s'eft cru obligé de
» publier les moyens de ne jamais
» aller au fond de l'eau.

» Le réfultat de toutes fes recher-
» ches & des efforts de fon imagi-
» nation ne confifte que dans un
» habillement de Liége, du poids
» d'environ dix livres, renfermé
» dans de la toile, en forme de
» *corfet, pourpoint, camifole, gilet,*
» *vefte* ou *cuiraffe,* qui foutient un
» homme dans l'eau, ayant la tête
» & le haut des épaules dehors....

» Je penfai que l'on pouvoit fe
» fervir de cette idée (on a vu plus
» haut pour quel ufage). L'année
» fuivante, je me rappellai ce projet,
» que j'éxécutai avec affez de peine.
» Je fis faire un corfet ou cuiraffe de

» Liége (1), & elle produifit l'effet,
» que je m'en étois promis, mais
» dans l'eau dormante ; car, dans
» une rivière rapide, j'ai reconnu
» que, pour fe tenir debout, fans
» fe mouiller la tête, il falloit un
» certain poids aux pieds (2). Je
» commençai alors à perfectionner
» l'ouvrage, & fis joindre aux fou-
» liers deux femelles de plomb, du
» poids d'une livre chacune.

» J'éprouvai un nouvel inconvé-
» nient. La cuiraffe tendant à re-
» monter, & le corps à defcendre,
» elle s'élevoit fous le menton &
» fous les bras, de façon à empê-

____

(1) L'Auteur ne m'en a pas communiqué
la conftruction.

(2) C'eft un très-grand inconvénient,
ainfi que je l'ai fait voir dans la note de
la page 43.

» cher ceux-ci d'agir (1). J'y ai re-
» médié, en faifant faire ce qu'on
» appelle à préfent un *Pantalon* (ce
» font des bas & des culottes tenant
» enfemble) ; je fis attacher des
» courroies à la ceinture, que l'on
» boucloit à la cuiraffe. Par ce
» moyen, en entrant dans l'eau,
» on pouvoit plus ou moins l'ab-
» baiffer.... On peut, en arrivant
» à terre, lâcher fes courroies plus
» ou moins, par le moyen des

___

(1) La Sufpenfoire, dont je me fers, produit des avantages, qu'on ne trouve point dans le Pantalon de M. le Comte de Puyfégur ou du fieur Backftrom ; car, indépendamment qu'elle empêche le Scaphandre de remonter qu'à un dégré convenable, elle fert de contrepoids à la partie antérieure du corps, dans le tems de certaines manœuvres, page 147, de plaftron au Soldat, & convient à toutes les tailles.

» boucles, & marcher ou se baisser
» à son aise.

» En 1756, j'allai, un jour, à la
» rade de Granville en chaloupe,
» au moment de la marrée basse.
» Je me jettai à la mer avec mon
» corset, & le flot montant me ra-
» mena au rivage, sans peine, sans
» fatigue, & sans avoir eu la tête
» mouillée. Je pris seulement mes
» précautions, pour avoir le moins
» que je pourrois de spectateurs,
» de tout le Camp de Granville, que
» je commandois alors.

» Pour pouvoir tirer parti des
» armes dans l'eau, j'ai fait cons-
» truire un bonnet, une sorte de
» casque de fer blanc, auquel le
» fusil est attaché par la sous-garde.
» Le bout du canon, que l'on a soin
» de bien boucher avec du Liége,

» pend dans l'eau, & la croſſe eſt
» en l'air attachée au bonnet, qui,
» par ſa ſtructure, contient les car-
» touches & le linge, propres à
» charger & nétoyer le fuſil.

» Pour le faire plus commodé-
» ment, j'ai arrangé une petite
» caſſette de Liége, doublée d'une
» légère feuille de plomb, que l'on
» traîne avec une ficelle. Cette caſ-
» ſette ſert à appuyer la croſſe du
» fuſil, pendant qu'on le charge.

» Au lieu de pourpoint, je me
» ſuis à préſent borné à une cein-
» ture de Liége, large de huit pouces
» ſur ſix d'épaiſſeur, pèſant treize li-
» vres, attachée également à un *Pan-*
» *talon*, avec trois livres de plomb
» aux ſouliers (1). La ceinture eſt

---

(1) Voyez-en les inconvéniens dans la
note de la page 43.

» auſſi ſoutenue par des bandelettes
» au-deſſus des épaules ; de façon
» que, ſi quelqu'accident renverſoit
» le flotteur dans l'eau, cul par-
» deſſus tête, cette ceinture ne pût
» ſortir par les pieds, & faire ſé-
» paration de corps avec lui, &c. »

M. le Comte de Puyſégur ajoute,
qu'avec cet accoutrement, il a flotté,
en 1762, dans le baſſin de Dunker-
que, en préſence de Meſſieurs le
Comte d'Hérouville & le Chevalier
d'Arci, & non - ſeulement marché
avec aiſance dans l'eau, mais fait
encore, avec un fuſil, tout l'éxercice pour charger & tirer. Ce qui
m'a été confirmé par le même M. le
Chevalier d'Arci, de l'Académie
Royale des Sciences.

Voilà comment une très-ſimple
idée germe, proſpère & fleurit dans
les

les bonnes têtes. Mais cette espèce d'anneau, saillant de six pouces, seroit incommode dans bien des cas; il éloigneroit trop de certaines manœuvres, qui exigent que l'on soit tout près. Comme l'appareil du Pantalon est nécessaire, pour retenir cet anneau ferme autour du corps, le tems, que cela demanderoit pour l'ajuster, exposeroit les hommes à la perte de leur vie, dans un besoin pressant. Cet accoutrement ne défendroit point la poitrine du Soldat contre les coups de fusil, & l'on ne seroit pas à son aise, à flot, dans toute autre position que la verticale; enfin, trois livres de contre-poids aux pieds font un embarras & une surcharge inutiles, quand on peut être Lesté dans l'eau, par la seule construction du corselet, qui y fait flotter.

T

Cependant on voit, avec plaisir, les expédients & les reſſources du génie de M. le Comte de Puyſégur. Dès qu'il fut à portée, il me fit l'honneur de venir chez moi, pour bien éxaminer la conſtruction de mon Scaphandre, & quelques jours après j'en reçus la lettre ſuivante.

« J'ai vu, Monſieur, avec grand
» plaiſir, votre habillement de Liége.
» Il eſt beaucoup mieux fait que ceux
» dont je me ſuis ſervi. Je vous
» exhorte à faire les différentes ex-
» périences, dont je vous ai parlé,
» & vous pouvez faire tel uſage que
» vous voudrez de la lettre, où je
» vous les ai détaillées. Je ne négli-
» gerai pas de me rendre au lieu,
» où je ſçaurai que vous ferez vos
» expériences. *Signé*, PUYSÉGUR.
» A Paris, le 26ᵉ Novembre 1766 ».

Il bien plus aifé d'accufer que de prouver. Si le fieur Bonal eût imité, feulement de loin, les procédés de M. le Comte de Puyfégur, il eût évité l'humiliation, à laquelle fon imputation publique va me forcer de le réduire, en faifant voir que, fix ou fept ans avant qu'il fut queftion de fa Soubrevefte, on en trouvoit un modèle dans un livret, imprimé en 1741, de la compofition du fieur Backftrom, Allemand.

Cuiraffe de Liége du fieur Bachftrom, Allemand, Docteur en Médecine.

On la trouve indiquée, en affez peu de mots, dans un livret *in-*12, de 69 à 70 pages, le feul ouvrage, de ma connoiffance, publié fur cette matière. Il a pour titre *l'art de nager,*

T ij

ou invention à l'aide de laquelle on peut toujours se sauver du naufrage, &, en cas de besoin, faire passer les plus larges rivières à des armées en-tières. Par Jean-Frédéric Bachstrom, Docteur en Médecine, & Directeur général des Fabriques de Son Altesse Sérénissime Madame la Duchesse de Radziwill, Grande Chancelière de Lithuanie. A Amsterdam, chez Zacharie Chatelain, 1741.

Quoique ce livret n'ait contribué en rien à l'invention ni à la perfection de mon Scaphandre, imaginé & construit avant ma lecture de cet ouvrage, il faut avoir la bonne foi de convenir, qu'il est rempli de fort bonnes vues, sur la matière que je traite ici. M. le Comte de Puységur en a tiré un excellent parti. Que l'on n'en soit point surpris ; le sieur Bachstrom

étoit Médecin, Mathématicien, In-
génieur. Il avoit la vraie & la feule
balance, pour apprécier des idées
de cette nature : mais on le voit,
avec peine, fe plaindre du défaut
d'aifance, qui mettoit de fi cruelles
entraves à fon génie, en ne lui permettant pas d'en confirmer les vues,
par un affez grand nombre d'expériences. Afin d'aller plus vîte, dans
fon ouvrage, il s'eft difpenfé de la
méthode, des développemens & de
la précifion.

Mettez deux plaques de Liége
fur le dos, fans defcendre plus bas
que les reins, deux autres fur la
poitrine, croifées en forme de camifole, qui ne paffent pas le deffous
du ventre ; appliquez - en quelques
morceaux fous les aiffelles & fur les
épaules ; liez toutes ces pièces en-

femble, pèfant environ dix livres,
& mettez - les entre deux groffes
toiles ; leur réünion formera une
éfpèce de cuiraffe, que vous atta-
cherez, quand vous en ferez revêtu,
à la ceinture d'un grand Pantalon,
qui defcende jufqu'au - deffous des
pieds, pour qu'étant à flot, la cuiraffe ne vienne pas embarraffer les
aiffelles & le menton. Si elle eft
deftinée pour des Soldats, laiffez-
en les plaques entières ; les balles
de fufil n'y feront rien. Voulez-vous
qu'elle ferve à des Matelots ? Rom-
pez-la en petites pièces, afin qu'elle
fe prête aux mouvemens qu'éxigent
leurs manœuvres. Vous avez, dans
ce petit nombre de lignes, toute la
conftruction, le détail & les deve-
loppemens de la cuiraffe de Liége du
Sr Bachftrom. Où l'on voit qu'il n'y a

là aucune doctrine, c'est-à-dire, aucuns principes, qui conduisent, par des règles certaines, à une construction sûre, dans laquelle on doit exposer le choix de la matière, les dimensions & le nombre de ses différentes pièces, leur équilibre, la manière de les arranger, d'en assurer tout l'assemblage ; en un mot, une suite bien développée d'opérations, d'après lesquelles on puisse obtenir un résultat, qui réponde aux grandes promesses de l'Auteur.

Aussi toutes les bonnes vues, répandues dans ce très-petit ouvrage, ont-elles été absolument négligées, & même, en quelque sorte, oubliées de la part du Public.

On n'en auroit jamais vu de modèle, sans le sieur Bonal, qui en a voulu faire un secret, n'ayant jamais

T iv

ofé, difons mieux, n'ayant jamais pu produire là-deffus aucun germe de théorie & de conftruction.

Le Pantalon du fieur Bachftrom, imaginé uniquement pour rétenir fa cuiraffe fur le corps, & l'empêcher de remonter, dans la crainte d'embarraffer les bras, a le même inconvénient que les contrepoids; dans un danger preffant, on n'auroit ni le tems de le chauffer, ni celui de l'ajufter à la cuiraffe, laquelle pourtant rendroit, fans cela, de très-petits fervices, & apporteroit beaucoup d'incommodité à celui qui en feroit revêtu; au lieu que la Sufpenfoire, tenant à mon Scaphandre, n'éxige pas vingt fecondes de préparatifs, pour affurer cet habit contre tous les inconvénients.

Cependant la Soubrevefte du fieur

Bonal, qui auroit dû perfectionner la cuiraffe du Docteur Bachftrom, eft éxactement la même chofe ; elle n'eft pas même fi bien contenue fur le corps ; au lieu du Pantalon de celui-ci, ce font des cordes qui l'attachent aux cuiffes, & en gênent les mouvemens. Ses nageoires font deux demi-fphères creufes, comme deux écuelles ou deux febilles, fi embarraffantes pour les mains, les poignets & les bras, qu'à peine on peut les remuer. Le fieur Bachftrom en avoit pourtant recommandé en forme de pieds de canard, qui font, pour cet objet, ce qu'il y a au monde de plus fléxible.

Le fieur Bonal a donc trompé le Miniftère public, en follicitant le privilége exclufif qu'il a obtenu, fur le prétexte ou l'allégation, qu'il

étoit le premier inventeur des Sou-
brevestes de Liége, dont il y avoit
pourtant une figure dans un livre,
publié six ou sept ans avant cette
prétendue invention. La modestie,
si décente même dans les succès,
sied encore mieux dans l'ignorance.
On eût pu lui sçavoir gré d'avoir
imité celle de l'original, dont il n'est
qu'une copie si imparfaite.

« Je n'ai pas assez de vanité, dit
» le sieur Bachstrom, pages 20 & 21
» de son livret, pour me regarder
» ici comme l'Auteur de cette in-
» vention ; mais j'avouerai ingénue-
» ment que ce fut un jeune garçon
» d'Amsterdam, qui me fit trouver ce
» que j'avois cherché, depuis si long-
» tems, avec tant d'empressement.
» Il avoit du bois de Liége, coupé en
» forme d'assiettes de diverses gran-

» deurs. De ces morceaux de Liége,
» percés dans leur centre, cet enfant
» avoit compofé deux corps coni-
» ques, qu'il avoit enfin attachés
» aux deux bouts d'une cordre, fur
» laquelle s'étant mis avec fa poi-
» trine, il traverfa, en nageant, un
» des canaux de cette Ville ».

De cette imagination du jeune homme à la cuiraffe du fieur Bach-ftrom, il y a affez loin : mais des germes, imperceptibles au commun des hommes, fe développent & mûriffent dans le fein du génie ; affez fouvent même une production fe manifefte à lui, par cela feul qu'on en fait un fecret ; ainfi que le livret fuivant pourroit en offrir un éxem-ple. Ce ne fera qu'un épifode ; la fimple annonce d'une découverte, fans aucun modèle ni explication, ne contribuant aucunement à l'histoire des Arts.

Naufrage ſans péril.

En 1675, le Chevalier de Lanquer, Penſionné de Portugal, en tems de paix & de guerre, fit imprimer un très-petit *in-12*, d'une trentaine de pages, ſous le titre de *Naufrage ſans péril*, dans lequel il propoſe une machine, que l'on peut porter dans ſa poche (mais dont il tait ou cèle la conſtruction), avec laquelle on peut, ſans mouiller ſes habits ni ſes armes, & ſans contraĉter aucun froid, paſſer les fleuves les plus profonds, & ſe ſauver de tous les naufrages en mer, ſans pouvoir ſe noyer.

Il dit qu'il a fait l'expérience de

cette invention devant Louis XIV, qui lui accorda des Lettres patentes pour faire conftruire & vendre fes machines, à l'exclufion de tous autres. Meffieurs d'Étrées & Sainte-Colombe, de ce tems-là, y font cités, comme des témoins très-connoiffeurs en ce genre.

Je n'ai vu, dans ce très-petit livre, qu'une pure annonce, fans aucune récompenfe de la part de Louis XIV, qui devoit en retirer de très-grands avantages ; il eft donc plus que vraifemblable que la conftruction de cette machine étoit très-difficile, ou très-difpendieufe, ou fujette à de très-grandes & très-fréquentes réparations ; au point qu'elle eft abfolument reftée *dans la poche*, où il vouloit la mettre.

Puifque cette machine pouvoit fe

porter dans la poche, je foupçonne que l'air étoit la principale matière de fa compofition, & que les habits étoient faits de plumes ou de duvet, impénétrables à l'eau, comme on le voit aux oifeaux aquatiques, que l'eau baigne fans les mouiller.

Mais une pointe, une épingle, une aiguille, une épée, une balle de fufil, &c. peuvent rendre, tout-à-coup, inutile & même très-dangereufe une pareille machine à vent; & les habits de duvet à conftruire feroient d'une très-difficile & très-difpendieufe éxécution. Voilà, fans doute, les puiffantes raifons, qui ont empêché l'adoption de cette découverte, qui pourroit bien auffi n'avoir été qu'un tour d'adreffe.

Pour moi, je ne fais point, &

n'ai jamais fait un secret de mon Scaphandre. Quoique j'en sois bien réellement l'inventeur, je ne suis pourtant pas, comme l'on voit, le premier qui ait imaginé & construit des corselets de Liége ; mais l'éxamen que j'en ai fait, après avoir terminé & corrigé mon travail, sur mes propres réfléxions, n'y a causé ni changement ni perfection.

Des projets de voyages, l'emploi du Liége par les Pêcheurs, & par ceux qui apprennent à nager, quelques conversations là = dessus avec M. de Saint=Martin, alors Capitaine de vaisseau pour la Compagnie des Indes, tournèrent mes pensées vers cet objet. Je me mis à l'ouvrage ; l'érudition vint ensuite. J'y appris quelques faits, sans perfectionner mes idées. Si quelqu'un veut, à préfent, fe les arroger, qu'il en prenne & m'en laiffe tout ce qu'il voudra. Le Public aimera mieux me voir occupé de lui être utile, que de la baffe & frivole vanité de la difpute.

Fin du Traité du Scaphandre.

EXPLICATION

EXPLICATION

DES Figures, contenues dans les quatre Planches du Traité de la construction théorique & pratique du Scaphandre, ou du Bateau de l'homme.

Explication des Figures de la première Planche.

LA figure 1 montre les trois morceaux, dont chaque pièce de Liége peut être composée. Presque toujours deux morceaux suffisent. Page 56 & suiv.

On voit, dans la figure 2, une *Épure* (mot qui vient d'*épurer, mettre au net*), c'est-à-dire, un dessin, sur

V

lequel on peut prendre les mesures nécessaires, pour la construction de la carcasse, du squelette ou de la charpente d'un Scaphandre, à quatre panneaux. Chacun d'eux est entouré d'une ligne forte. La toile, qui les dépasse, est pour les remplis. La plus grande largeur de chaque Panneau antérieur est mesurée par trois pièces de Liége & une demi-pièce, & celle de chaque Panneau postérieur l'est par quatre pièces entières, longues, larges & épaisses de deux pouces & demi. Page 74 & suiv.

La figure 3 fait voir le nœud de la ficelle, passée en diagonale, pour attacher & bien assurer chaque pièce de Liége sur la première toile. Page 80.

Par la quatrième figure est indiquée la diminution d'épaisseur dans les pièces de Liége, placées au-deſſus de la ligne CD, (fig. 2), c'eſt-à-dire, des dix pouces, qui doivent être ſous l'eau. Page 84 & 85.

Dans la cinquième figure, la pièce la plus ſupérieure d'une colonne, terminée au-deſſous des échancrures ou des entournures du Scaphandre, eſt taillée en biſeau ou en talus. Page 87 & 88.

La figure 6 laiſſe appercevoir la profondeur entre les colonnes, dans laquelle on doit faire plonger la toile deſtinée à les revêtir. Page 91.

La ſeptième figure fait voir les quatre Panneaux d'un Scaphandre rapprochés. La plus grande largeur de chacun des antérieurs eſt meſurée par quatre pièces de Liége & une demi-pièce, & celle de chacun des

poftérieurs, par cinq pièces entières, longues de deux pouces,
larges de même, & épaiffes de deux
pouces & un quart. Page 96.

La huitième figure repréfente une
colonne, compofée de fes quatre
pièces, tenant encore enfemble par
une petite épaiffeur, jufqu'où cette
colonne eft fendue; afin qu'en les
mettant, toutes à la fois, fur la
toile, elles foient bien éxactement
dans la ligne ou dans la direction
qu'elles doivent avoir. Dès qu'elles
y feront attachées avec de la ficelle,
chacune féparément, pour peu que
l'on appuye fur les deux extrêmités
de la colonne, les quatre pièces fe
cafferont ou fe fépareront dans
leurs lignes de divifion. Pages 82
& 83.

On voit, dans la figure 9, une

colonne fendue en deux, suivant toute sa longueur A B, passant par le milieu de son épaisseur C S ; afin qu'il en résulte deux demi-colonnes, divisées chacune en quatre pièces, tenant ensemble comme dans la figure 8. Page 84.

Explication des Figures de la seconde Planche.

La figure 1 représente les quatre Panneaux du Scaphandre, vus à l'envers, réünis par des cordons, noués en rosette, au moyen desquels cet habit peut s'élargir ou se rétrécir.

Les cordons, pendants supérieurement, sont pour les épaulettes. En les serrant plus ou moins, le Scaphandre monte ou descend, &

V iij

fe proportionne ainfi aux différentes tailles.

Les poftérieurs - inférieurs M S font pour être noués avec les inférieurs de la Sufpenfoire, & les courroies inférieures-latérales B L font deftinées à s'engager dans les boucles du Pantalon, avec lequel on peut marcher, à flot, tout debout, comme en terre ferme. Page 92 & fuiv.

La figure 2 eft le deffin d'un pieu, traverfé fupérieurement par un levier, & inférieurement formé en vis ou en tire - bouchon, afin de pouvoir l'introduire en terre, fans bruit ou fans frapper deffus. Page 177.

La troifième figure eft l'image d'une riviere avec fes bords, d'une corde traverfière C D, de fon trajet

CMS, quand un corps de Troupes, qui s'y attache, est replié, par le courant, sur la rive opposée R S. Page 178 & suiv.

Explication des Figures de la troisième Planche.

La première figure représente un Pantalon terminé par un étrier BCD, fixe en D, & dont la partie libre CBL vient s'attacher aux boutons s, x, y. Les cordons LM, RP, servent, en les nouant, à fortifier la résistance des boutons; & l'on voit, en T, une boucle, dans laquelle s'engage une courroie inférieure-latérale du Scaphandre, pour l'attacher au Pantalon. Page 113 & suiv.

La seconde figure est le dessin de

la Suspensoire, qui sert à tenir le Scaphandre, sur le corps, aussi ferme que l'on veut. On voit, vers A, les cordons qui l'attachent à cet habit. A S en est la partie ouatée, qui passe entre les cuisses, & C L le Plastron, qui vient s'appliquer sur la poitrine, au haut de laquelle on l'arrête, au moyen des cordons placés en D, L. Page 106 & suiv.

La figure 3 est le dessin de la boucle T de la première figure. Il sera mieux que la traverse B C, c'est-à-dire, la partie de la boucle, sur laquelle tirera la courroie, soit roulante, afin de diminuer le frotement, autant qu'il sera possible. Page 93.

Par la figure 4 est représentée une nageoire, dont une main est revêtue. Les doigts en sont écartés, autant qu'il est possible, & leurs intervalles sont remplis par des toiles, à la manière des pattes des oiseaux aquatiques. Page 118 & suiv.

La cinquième figure montre une des portions antérieures du Pagne. Page 100 & suiv.

Explication des Figures de la quatrième Planche.

La première figure est la représentation d'un homme avec des souliers, un Pantalon à étriers, & un Scaphandre ; dont la Suspensoire pendante C D se fait voir entre les cuisses & les jambes ouvertes, pour laisser à découvert la partie antérieure de cet habit, & montrer plus distinctement les boucles *r*, *s*, destinées à attacher le Plastron sur

la poitrine, moyennant des courroies, placées dans cette pofition
de la Sufpenfoire, vers fon extrêmité inférieure D. Pages 106
& 107.

La tête de cet homme eft recou-
verte du Bonnet, que nous avons
décrit, page 116 & fuivantes, dont
la partie fupérieure eft faite en
bourfe à jetons, pour recevoir &
ferrer les munitions néceffaires,
quand on fe propofe des opérations
qui en éxigent.

On voit, dans la feconde figure,
un autre homme, qui tient fes
jambes pliées, pour faire le premier effai d'un Scaphandre. Il a
commencé à les plier, quand l'eau,
montée en A B, le mettoit près
d'être à flot ; alors le poids de fon
corps l'a fait plonger jufqu'en C D,

d'où flottant parfaitement, il peut reprendre terre, à volonté. A l'endroit L est la boucle du Pantalon, qui l'attache au Scaphandre, moyennant une courroie latérale, dont nous avons parlé. Voyez page 127.

La troisième figure représente un *Scaphandrier*, armé de toutes pièces pour la chasse, au milieu des plus profondes eaux. Sur son épaule est un fusil, qu'il peut porter en bandoulière, la crosse en haut, & la bouche en bas, fermée avec du Liége.

Ce Chasseur est coiffé de l'image d'un cigne, ou de tout autre oiseau, familier à la sauvagine ; de peur qu'elle ne s'effarouchât, quand il viendroit pour s'en approcher. Page 165 & 166.

Au moyen d'une ficelle, il re-

morque ou traîne après lui une très-
petite nacelle *x*, dans laquelle sont
ses munitions, & où il peut appuyer la crosse de son fusil, pour
le charger ou le recharger. Page
165 & 166.

TABLE

DES MATIERES.

A.

Açores (Isles). Pourquoi ainsi nommées.   Page 234

Aiguade. Sa définition.   207

Analyse de cet ouvrage.   ix

Anatomie. Pourquoi il faut l'étudier, quand on veut s'appliquer à l'invention & à la construction des machines.   120

Art de nager.   247 & suiv.

Artus (M. d').   xxxj

Aveu de l'Auteur.   303 & 304

Avis très - important au Public, pour le choix des ouvriers, auxquels on voudroit commander des Scaphandres.   xxxiij

B.

Bachstrom, Allemand. Voyez sa cuirasse.   291 & suiv.

318   *TABLE*

Bonal. Sa Soubrevefte de Liége. 270 &
       fuiv.

Bonnet. Sa conftruction & fon ufage. 116
       & fuiv.

Bonnettes. Leur définition.   235
Bonnettes lardées.   236 & 237
Bory (M. de).   240
Boucles d'un Scaphandre.   93
Boulainvilliers (le Comte de). 231 & fuiv.
Byron, Chef d'Efcadre, ordonne l'ufage
     des Jaquettes de Liége.   264 & fuiv.

C.

CALCUL de la folidité des pièces de
     Liége, plongeantes dans l'eau.   98
Calfât. Sa définition.   202
Ceinture de Liége de M. le Comte de Puy-
     ségur.   282 & fuiv.
Céfar. Sa grande habileté dans l'art de
     nager.   251
Choix du Liége.   54 & fuiv.
Clous d'épingle, à rejetter de la conftruc-
     tion d'un Scaphandre.   58
Colonne. Voyez ce que c'eft.   81

Colymbètes. Sa définition & son étymologie. 258

Conclusion de l'Auteur. 302 & suiv.

Conservation. Comment il faut conserver
un Scaphandre. 150 & 151

Construction du Scaphandre. 74 & suiv.

Contrepoids. Quelquefois dangereux & quelquefois utiles. 43

Corde traversière. Son usage pour le passage
des grands fleuves, par des troupes re-
vêtues de Scaphandres. 178 & suiv.

Crussol - d'Amboise (M. le Marquis de).
280 & 281

Cuirasse de Liége. 291 & suiv.

D.

Désertion. Il n'est pas vrai que
l'usage du Scaphandre, introduit dans
la Marine du Roi, favoriseroit la désertion. 195 & suiv.

Digby (Evérard), Anglais. 253 & suiv.

Direction des pièces d'une colonne. Comment on peut s'en assurer. 82 & suiv.

E.

Écoutilles. Leur définition. 216

Éléphant. Pourquoi, dans le nager, il a l'avantage sur les autres quadrupèdes. 17

Entournures. Voyez ce que c'est. 75

Épître dédicatoire. v

Équilibrer. Comment on équilibre les différentes pièces d'un Scaphandre. 69 & suiv.

Essai d'un Scaphandre. Comment on peut le faire en toute sûreté, seul, & sans sçavoir nager. 121 & suiv.

Étriers du Pantalon. Leur usage. 113 & suiv.

Évérard Digby. 253 & suiv.

Explication des Figures de ce Traité. 305 & suiv.

Extrait des Registres de l'Académie Royale des Sciences. xxiij

F.

File. Voyez ce que c'est. 81

Figures (Explication des). 305

Force d'un Scaphandre. Comment on peut l'augmenter, sans y rien défaire. 100 & suiv.

G.

DES MATIERES. 321

G.

Gélaci. Son habit de Liége. 267 & suiv.

Gilet de coutil. Quelles doivent être ses dimensions. 74 & suiv.

Gravité. Ce que c'est que le Centre de Gravité. 41 & suiv.

Grosseur du Scaphandre. A quoi il faut la borner. 95

H.

Horlogerie. On ne sçauroit trop s'y appliquer, quand on a le goût des Méchaniques. 120

Huile, pour respirer sous l'eau. Combien cela est hasardé. 252

I.

Isle de sable (l'), où se perdit la Flûte l'*Utile.* 214 & suiv.

J.

Jacket ou Jaquette de M. Wilkinson, Anglais. 263 & suiv.

Jugement sur cet ouvrage, par l'Académie Royale des Sciences. xxiij

X

K.

*K*AUDICK. (M.) Son courage & son adreſſe dans le naufrage de l'*Utile*. 217 & ſuiv.

L.

*L*ETTRE de M. d'Artus, au ſujet de l'éxercice du Scaphandre.   xxxj

Lettre de l'Auteur, à l'occaſion du ſieur Bonal.   272 & ſuiv.

Liége. Ce que c'eſt. Pourquoi les Pêcheurs s'en ſervent.   34 & 35

Lime. Pourquoi, dans la conſtruction d'un Scaphandre, il ne faut pas limer le Liége.   57.

L'Utile (la Flûte). Son naufrage. 213 & ſuiv.

M.

*M*ARCHER à flot, avec le Scaphandre. On le peut, ſans le Pantalon à étriers, 132; mais beaucoup mieux avec ce Pantalon.   133 & ſuiv.

Montaudoin. (M.) Sa complaisance. 263
& suiv.

Morin, Commandant du vaisseau le *Prince.*
224

Morogues (M. de). 231 & suiv.

N.

NAGER. L'homme ne nage point naturellement, 113 & suiv. mais, à force
d'art & d'éxercice, il nageroit mieux que
les poissons. 153 & 154

Nageoires. Leur construction & leur usage.
118 & suiv.

Naufrage. Différentes manières de le faire,
189 & suiv. 213 & suiv.

Naufrage sans péril. 300 & suiv.

Nègres. L'horreur de leur sort, dans le naufrage de l'*Utile.* 216 & suiv.

Négresse. Son intrépidité la sauve d'un naufrage avec son enfant. 217

Nicolas Winmann, Hollandais. 258 & suiv.

Noyer. On peut se noyer à la surface
des eaux, tout à la nage, sans couler
à fond. 188 & suiv.

P.

*P*AGNE. Comment il peut servir à augmenter la force d'un Scaphandre. 101 & suiv.

Pantalon. Sa conſtruction & ſon uſage. 113 & suiv.

Parties du corps. Celles qu'il faut revêtir de Liége. 49 & ſuiv.

Pieu en vis. Son uſage. 177

Plaſtron. A quoi il ſert. 106 & ſuiv. Pourquoi en varier la conſtruction. 111 & 112

Poids du Liége, dans un Scaphandre plongeant dans l'eau. 62 & 63. Il en faut moins pour la mer que pour les rivières. 64 & 65

Poitrine ou partie antérieure du corps. Pourquoi plus garnie de Liége que la poſtérieure. 147 & ſuiv.

Prince (Naufrage du). 224 & ſuiv.

Proſpectus de cet ouvrage. ix

Puyſégur (M. le Comte de). Ses travaux dans les mêmes vues que l'Auteur. 171

& fuiv. Sa feconde lettre à l'Auteur.

290

Q.

QUADRUPÈDES. Ils nagent naturellement, & pourquoi.   13 & fuiv.

Queftion fur les pièces de Liége, qui ne
s'enfoncent pas dans l'eau.   86

Queue ou Sufpenfoire du Scaphandre. Combien cette pièce eft importante. 106
& fuiv.

R.

RADEAU. Sa définition. 209 & fuiv.
Combien le Scaphandre feroit précieux,
pour la conftruction des Radeaux en
mer.   210 & fuiv.

Radouay (M. de).   233

Radouber. Sa définition.   202

Rangs. Voyéz ce que l'on entend par-là.
81

Rapport & Jugement fur cet ouvrage, par
l'Académie Royale des Sciences.   xxiij

Rapport de la pefanteur du Liége à celle de
l'eau commune.   37 & fuiv.

Retirement des toiles du Scaphandre. A quoi il peut servir, & dans quels cas il faut l'éviter. 104 & suiv.

Rochers. Pourquoi plus fréquents & plus dangereux vers les côtes de la mer. 194 & 195

Romains. Quel cas ils faisoient du nager. 35 & 36

S.

*S*CAPHANDRE. Son étymologie & sa définition. 1

Souhreveste de Liége du sieur Bonal. 270 & suiv.

Station. Pourquoi la station est si fatigante. 32 & suiv.

Suspensoire. Sa construction & son usage. 106 & suiv.

T.

*T*ALONNER. Voyez ce que c'est. 214

Tempêtes. Pourquoi plus fréquentes & plus dangereuses vers les côtes qu'en pleine mer. 196 & suiv.

Thévenot (Art de nager par). 247 & suiv.

Toile. Pourquoi la seconde toile du Scaphandre doit être plus grande que la première, & de combien. 89 & suiv.
Touche (M. de la). 225

U.

Usages du Scaphandre. 152 & suiv.

V.

Va-et-vient. Sa définition. 215
Ventriloque, composé des deux mots Latins, *ventris*, du ventre, & *loquela*, parole ; parce que les anciens Ventriloques sembloient parler du ventre. Leurs effets singuliers. 1 & suiv.
Voler comme les oiseaux. Comment l'homme y parviendroit ; mais combien cet art seroit dangereux. 154 & suiv.

W.

Wilkinson (M.), Anglais. Sa Jaquette de Liége. 263 & suiv.
Winmann (Nicolas), Hollandais. 258 & suiv.

X iv

Y.

YOLE. Très-petite nacelle.   226

Z.

ZACHARIE Chatelain.   278

F I N.

PRIVILEGE DU ROI.

Notre amé le sieur Abbé DE LA CHAPELLE, Nous a fait exposer qu'il desireroit faire imprimer & donner au Public *un Traité sur la construction théorique & pratique du Scaphandre, ou du Bateau de l'Homme,* s'il Nous plaisoit lui accorder nos Lettres de Permission pour ce nécessaires. A CES CAUSES, voulant favorablement traiter l'Exposant, Nous lui avons permis & permettons par ces Présentes, de faire imprimer ledit Ouvrage autant de fois que bon lui semblera, & de le faire vendre & débiter par-tout notre Royaume, pendant le tems de trois années consécutives, à compter du jour de la date des Présentes. Faisons défenses à tous Imprimeurs, Libraires, & autres personnes, de quelque qualité & condition qu'elles soient, d'en introduire d'impression étrangère dans aucun lieu de notre obéissance ; à la charge que ces Présentes seront enregistrées tout au long sur le registre de la Communauté des Imprimeurs & Libraires de Paris, dans trois mois de la date d'icelles ; que l'impression dudit Ouvrage sera

faite dans notre Royaume, & non ailleurs,
en beau papier & beaux caractères; que
l'Impétrant se conformera en tout aux Ré-
glemens de la Librairie, & notamment à
celui du 10 Avril 1725, à peine de dé-
chéance de la présente permission; qu'avant
de l'exposer en vente, le manuscrit qui aura
servi de copie à l'impression dudit Ouvrage,
sera remis dans le même état où l'approbation y aura été donnée, ès mains de notre
très-cher & féal Chevalier, Garde des
Sceaux de France, le sieur HUE DE MI-
ROMÉNIL, qu'il en sera ensuite remis deux
Exemplaires dans notre Bibliothèque publique, un dans celle de notre Château du
Louvre, un dans celle de notre très-cher
& féal Chevalier, Chancelier de France,
le sieur DE MAUPEOU, & un dans celle
dudit sieur HUE DE MIROMÉNIL; le tout
à peine de nullité des Présentes : du con-
tenu desquelles vous mandons & enjoignons
de faire jouir ledit Exposant & ses ayans
cause, pleinement & paisiblement, sans
souffrir qu'il leur soit fait aucun trouble ou

empêchement. Voulons qu'à la copie des
Présentes, qui sera imprimée tout au long
au commencement ou à la fin dudit Ouvrage, foi soit ajoutée comme à l'original.
COMMANDONS au premier notre Huissier
ou Sergent sur ce requis, de faire, pour
l'exécution d'icelles, tous actes requis &
nécessaires, sans demander autre permission, & nonobstant clameur de haro,
charte normande & lettres à ce contraires :
CAR tel est notre plaisir. DONNÉ à
Paris le seizième jour du mois de Novembre, l'an mil sept cent soixante-
quatorze, & de notre règne le premier.
Par le Roi en son Conseil.

Signé, LE BEGUE.

J'ai cédé à M. DEBURE, Libraire à
Paris, la moitié de la présente Permission,
aux charges, clauses & conditions, énon-
cées dans notre traité ; fait double entre
nous, à ce sujet, en date du 19 Septembre
1774. A Paris, ce 18 Novembre 1774.

L'Abbé DE LA CHAPELLE.

*Regiſtré la préſente Permiſſion, & enſemble
la ceſſion, ſur le Regiſtre XIX de la Chambre
Royale & Syndicale des Libraires & Imprimeurs de Paris, N°. 3090, folio 325,
conformément au Réglement de 1723. A Paris,
ce 19 Novembre 1774.*

HUMBLOT, Adjoint.

De l'Imprimerie de P. G. SIMON, Imprimeur du Parlement. 1774.

On trouve chez le même Libraire
la *Théorie des Sentimens agréables*, où
après avoir indiqué les règles que la
nature suit dans la distribution du
plaisir, on établit les principes de la
Théologie naturelle, & ceux de la Phi-
losophie morale. Par M. de Pouilly.
Cinquième édition, augmentée de l'É-
loge historique de l'Auteur, de deux
Discours qu'il a prononcés à Reims,
& de l'explication qu'il a donnée d'un
Monument antique découvert dans la
même Ville. Paris 1774. Vol. in-8°.
avec figures. Prix, 3 liv. 12 sols relié.

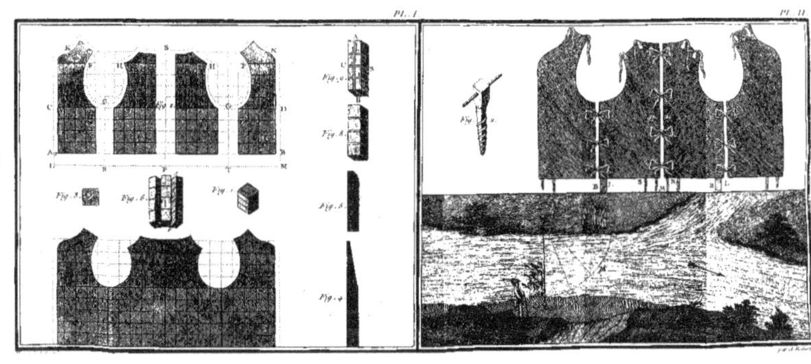

Pl. I
Pl. II

Pl. III.
Pl. IV.
Dessiné et Gravé
par J. Robert

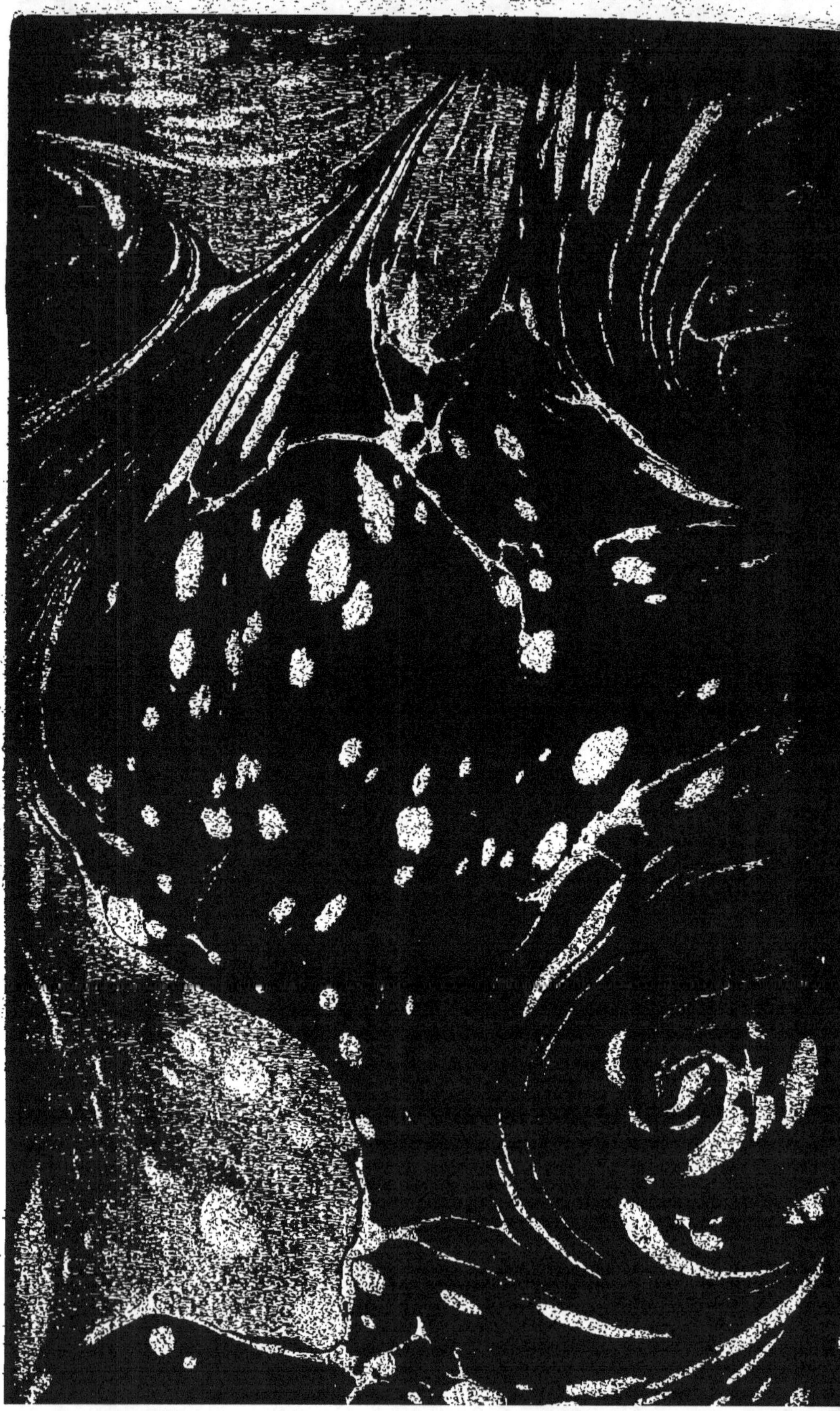

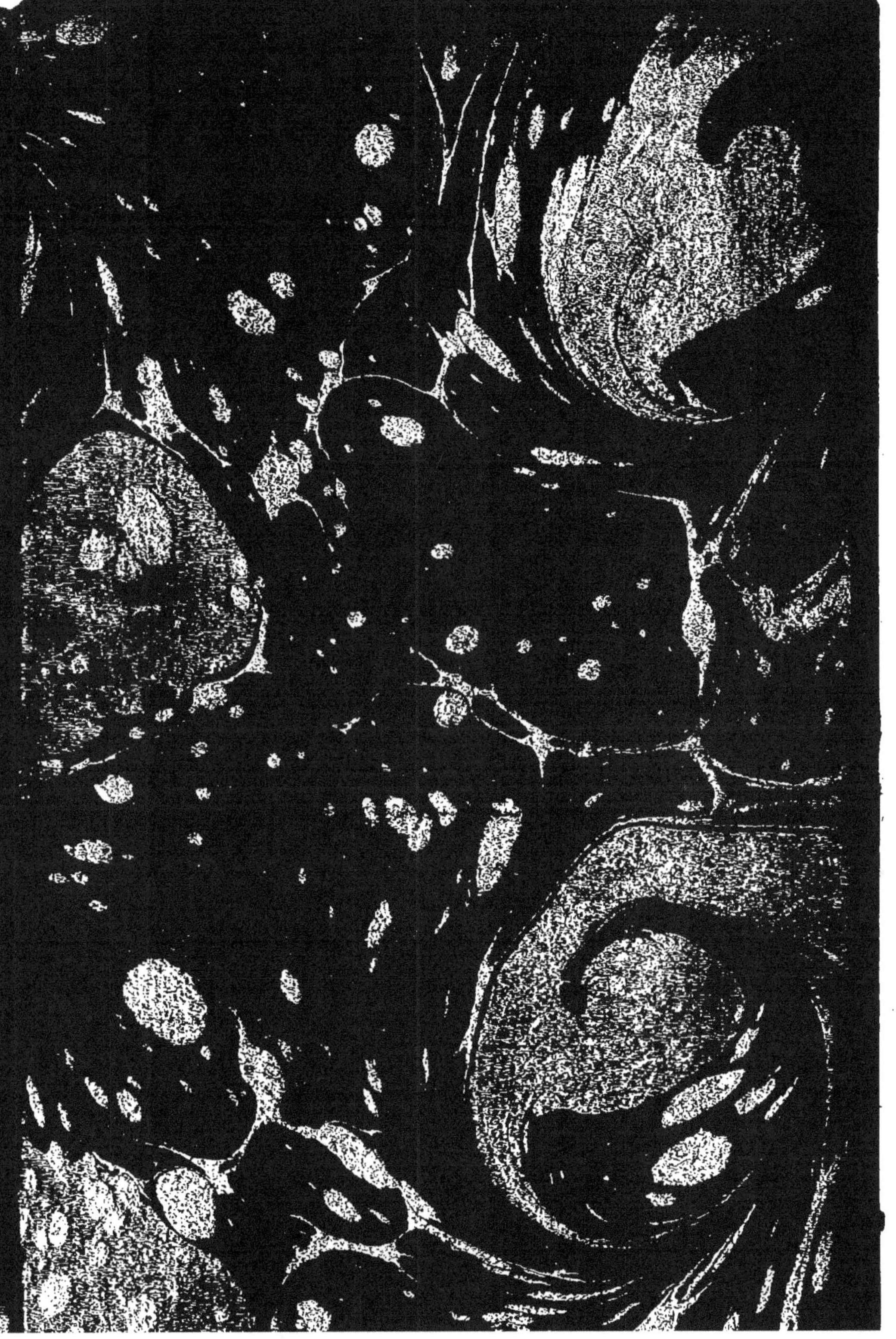

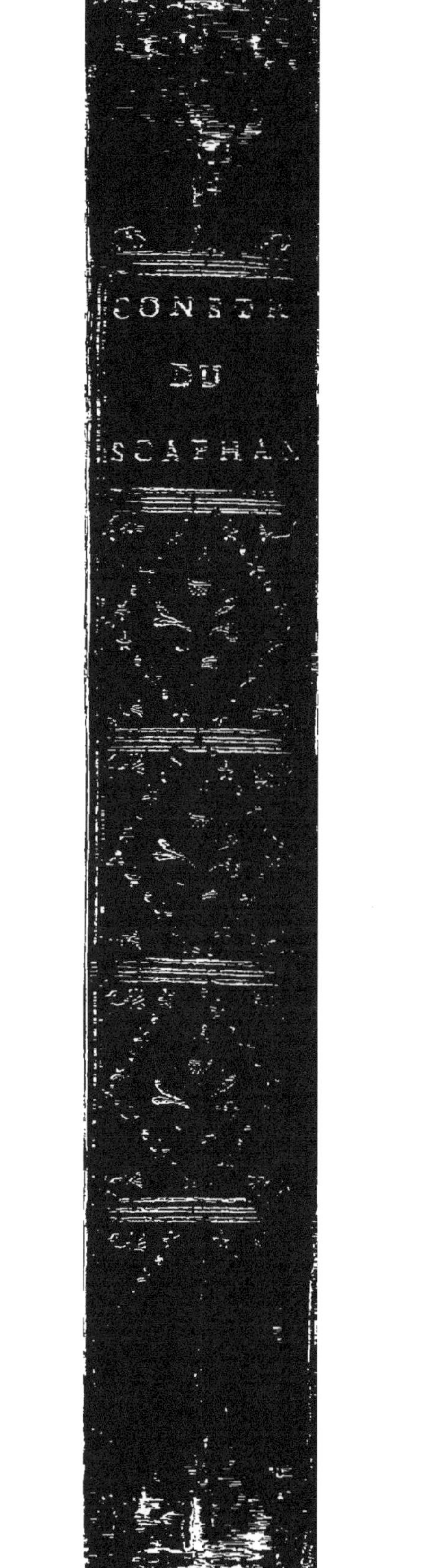
CONST
DU
SCAPHAN
CONST

www.ingramcontent.com/pod-product-compliance
Lightning Source LLC
Chambersburg PA
CBHW071547030726
47593CB00001BA/60